新能源前沿丛书之一

邱国玉　主编

# 水与能：蒸散发、热环境及其能量收支

# Water versus Energy: Evapotranspiration, Thermal Environment and Energy Budget

邱国玉　熊育久等　著

科学出版社

北　京

# 内 容 简 介

水资源和能源都是极其贵重的紧缺资源，关注水输送、水分配、水处理过程中的能源消耗是实现低碳发展的关键之一。长期以来，水与能源这种复杂而微妙的关系并未引起社会的足够关注。针对这些挑战，本书将从水与能的关系，蒸散发、水分收支和能量收支，蒸散发观测方法、原理及其应用，蒸散发、水循环和城市热环境等四个方面，详细介绍相关的理论基础、观测方法和应用实例。本书涉及环境、能源、城市、水资源等多个学科，是典型的跨学科著作。

本书作为环境、能源相关学科大学高年级学生、研究生的专业教材，也供对环境、能源问题感兴趣的读者参考阅读。

**图书在版编目（CIP）数据**

水与能：蒸散发、热环境及其能量收支/邱国玉，熊育久著. —北京：科学出版社，2014.6
（新能源前沿丛书；1）
ISBN 978-7-03-041139-6

Ⅰ.①水… Ⅱ.①邱… ②熊… Ⅲ.①环境水文学–研究 Ⅳ.①X143

中国版本图书馆 CIP 数据核字（2014）第 127635 号

责任编辑：李 敏 刘 超/责任校对：桂伟利
责任印制：赵 博/封面设计：无极书装

**科 学 出 版 社** 出版
北京东黄城根北街 16 号
邮政编码：100717
http://www.sciencep.com

北京凌奇印刷有限责任公司印刷
科学出版社发行 各地新华书店经销

\*

2014 年 6 月第 一 版 开本：720×1000 1/16
2025 年 5 月第五次印刷 印张：11
字数：200 000

定价：**88.00** 元

# 致　　谢

本书在实验、资料收集、数据解析、案例研究和出版等方面得到深圳市发展和改革委员会新能源学科建设扶持计划"能源高效利用与清洁能源工程"项目的资助，深表谢意。

# 作 者 简 介

**邱国玉　北京大学教授、博士生导师**

　　1963 年出生于内蒙古阿拉善。1984 年获农学学士学位（内蒙古农业大学）；1987 年获理学硕士学位（中国科学院）；1996 年在日本鸟取大学干燥地研究中心获农学博士学位；2002~2003 年为美国加利福尼亚大学戴维斯分校博士后。

　　1987~1992 年任中国科学院研究实习员、助理研究员。1996~1999 年任日本国立农业工学研究所研究员。1999~2009 年先后任日本国立环境研究所研究员、日本鸟取大学客座副教授、日本东京大学客座教授、北京师范大学教授等。2009 年开始任北京大学环境与能源学院教授，担任过副院长、常务副院长等职务。已经指导博士后、博士研究生和硕士研究生多人。主要从事新能源信息工程、城市水资源与水环境、环境与能源生态方面的教学与研究。在国内外主要学术刊物上发表研究论文 100 多篇。主持和承担包括"973"项目、国家基金项目在内的研究课题多项。讲授"环境与能源生态学"、"城市水资源与水环境学"、"生态水文学"等课程。

**熊育久　博士，中山大学教师**

　　1982 年出生于贵州省麻江县。2003 年毕业于中南林学院林学专业，获农学学士学位；2006 年在中南林业科技大学获得农学硕士学位；2009 年在北京师范大学获得理学博士学位。2009~2011 年为中山大学博士后。2011 年开始，在中山大学水资源与环境系从事教学与科研工作。

　　主要研究领域为陆地蒸散发遥感估算，包括森林资源遥感监测、生态水文过程、水质遥感等。目前主持国家自然科学基金（青年）1 项、教育部高等学校博士学科点专项科研基金 1 项，主持完成中国博士后科学基金 1 项，多次参与国家自然科学基金（面上）、国家基础研究计划"973"项目等。迄今以第一/通讯作者发表论文 11 篇，SCI/EI 收录 6 篇；合作作者发表论文约 20 篇。

# 总　序

至今，世界上出现了三次大的技术革命浪潮（图1）。第一次浪潮是IT革命，从20世纪50年代开始，最初源于国防工业，后来经历了"集成电路—个人计算机—因特网—互联网"阶段，至今方兴未艾。第二次浪潮是生物技术革命，源于20世纪70年代DNA的发现，后来推动了遗传学的巨大发展，目前，以此为基础的"个人医药"（personalized medicine）领域蒸蒸日上。第三次浪潮是能源革命，源于20世纪80年代能源的有效利用，现在已经进入"能源效率和清洁能源"阶段，是未来发展潜力极其巨大的领域。

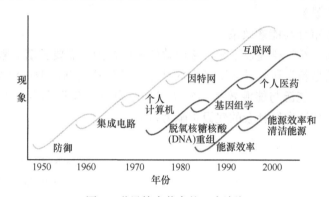

图1　世界技术革命的三次浪潮

资料来源:http://tipstrategies.com/blog/trens/innovation/

在能源革命的人背景下，北京大学于2009年建立了全国第一个"环境与能源学院"（School of Environment and Energy），以培养高素质应用型专业技术人才为办学目标，围绕环境保护、能源开发利用、城市建设与社会经济发展中的热点问题，培养环境与能源学科领域具有明显竞争优势的领导人才。"能源高效利用与清洁能源工程"学科是北京大学环境与能源学院的重要学科建设内容，也是国家未来发展的重要支撑学科。"能源高效利用与清洁能源工程"包括新能源工程、节能工程、能效政策和能源信息工程4个研究方向。教材建设是学科建设的基础，为此，我们组织了国内外专家和学者，编写了这套新能源前沿丛书。该丛书包括13分册，涵盖了新能源政策、法律、技术等领域，具体名录如下：

基础类丛书：

《水与能：蒸散发、热环境及其能量收支》

《水环境污染和能源利用化学》

《城市水系统与碳排放》

《环境与能源微生物学》

*Environmental Research Methodology and Modeling*

技术类丛书：

*Biomass Energy Conversion Technology*

*Beyond Green Building：Transformation in Design and Human Behavior*

《城市生活垃圾管理与资源化技术》

《能源技术开发环境影响及其评价》

《节能技术及其可持续设计》

政策管理类丛书：

《环境与能源法学》

《碳交易》

《能源审计与能效政策》

众所周知，新学科建设不是一蹴而就的短期行为，需要长期不懈的努力。优秀的专业书籍是新学科建设必不可少的基础。希望这套新能源前沿丛书的出版，能推动我国"新能源与能源效率"等学科的学科基础建设和专业人才培养，为人类绿色和可持续发展社会的建设贡献力量。

北京大学教授　邱国玉

2013 年 10 月

# 前　　言

## （Preface）

　　水可发电，产生能源。同时，水的输送、分配和处理过程也会消耗大量能源。自然界中，水的运动和三态转化会吸收或释放巨大能量，对地球和我们居住环境的温度环境维持方面有极其巨大的作用。例如，水的蒸散发能消耗大量的太阳能，降低周围环境的温度。在当今全球变暖和城市化加速发展的背景下，水资源和能源都是极其贵重的紧缺资源。关注水输送、水分配、水处理过程中的能源消耗是实现低碳发展的关键之一；有效地利用蒸散发消耗多余的太阳能，维护稳定的环境温度，是保证宜居环境的基础；也是人类应对全球变暖的有效手段。但是，长期以来，水与能源这种复杂而微妙的关系并未引起社会的足够关注。针对这些挑战，本书将从水与能的关系，蒸散发、水分收支和能量收支，蒸散发观测方法、原理及其应用，蒸散发、水循环和城市热环境四个方面，详细介绍相关的理论基础、观测方法和应用实例。

　　本书涉及环境、能源、城市、水资源等多个学科，是典型的跨学科著作。可以作为大学高年级学生、研究生的课外读物或专业教材，也可以作为对环境、能源问题感兴趣人士的入门教材和专业书籍。

　　本书在编辑过程中得到了北京大学柴民伟博士的大力支持。书稿的写作还得到了很多其他人的帮助，第 3 章部分内容由薛亮执笔，第 10 章、第 13 章的部分内容由谢芳执笔，第 11 章由北京师范大学的王佩博士执笔，第 17 章的部分内容由李宏永执笔，第 21 章的部分内容由陈婉执笔。另外，参加本书资料收集和整理工作的还有北京大学环境与能源学院的博士研究生薛亮，硕士研究生李程、李宏永、李苏、黄水平、王璐、冯文娟、余业夔、陈婉和夏青。由于本书涉及多学科的内容，很多问题是目前的前沿热点。有些内容在国际上的研究还不是很多，加之作者的水平有限，不足之处在所难免。权且当做抛砖引玉，诚请读者批评指正。

邱国玉

2013 年 10 月于北京大学

# 目　　录

## 第一篇　水　与　能

## 第二篇 蒸散发、水分收支和能量收支

## 第三篇　蒸散发观测方法、原理及其应用

## 第四篇　蒸散发、水循环和城市热环境

# 第一篇　水　与　能

## Water versus energy

　　充足的水资源和能源是人类社会赖以存在发展的基础。一方面，水可发电，产生能源；另一方面，水的蒸发消耗了大量的太阳能。长期以来，水与能源这种复杂而微妙的关系并未引起社会的足够关注。本篇将从学科基础入手，探讨这个问题。

　　水资源是人类和社会最基本的自然资源，是维持生态系统正常运转的基础。水资源同时也是战略性经济资源，是一个国家综合国力的有机组成部分。在全球范围内，水资源是 21 世纪人类面临的最重要的自然资源问题之一，水资源短缺和水质污染将会给各国经济和社会发展造成很大的威胁。

　　在我国，能与水的问题尤为突出。总体来说，水行业是我国最大的能耗部门之一。加上中国面临水资源短缺、水质污染和水资源分布不均等问题，保障供水所需的能耗更大。我国人均水资源量只有世界平均水平的 1/4，而且地区间分布不均、季节分布不均。在北方部分地区，水资源开发利用已经超过资源环境的承载能力，水资源面临的形势非常严峻，需要"南水北调"等项目从南方调水，这会消耗大量能量。实际上，全国范围内水资源可持续利用问题已经成为国家可持续发展战略的主要制约因素。因此，中国必须进行大规模的改革并实施强有力的措施，通过建立节水型产业、提高用水效率、加强水污染防治、开发非常规水资源等措施，保障水资源安全，降低水行业的能耗。

　　能源行业的水资源消耗是能与水问题的另外一个重要内容。众所周知，能源是人类生存和发展的重要物质基础，也是当今国际政治、经济、军事、外交关注的焦点。目前世界能源供应主要依赖化石能源（石油、天然气、煤炭等）。在化石燃料的勘探、开采、运输、加工和分配过程中，会消耗大量的水资源。同时，化石燃料的大量使用，也是造成全球环境问题和水污染的主要因素。在中国，能源的缺口日益严重，而且现有的能源供给以煤炭为主，占能源消费的 2/3 以上。由于煤炭会产生污染物多、采煤过程对地下水资源破坏严重等问题，我国能与水的关系会更加紧张。

　　水的蒸散发是地球上太阳能的最大消耗方式。到达地球表面 50% 以上的太阳能被水分的蒸散发所消耗。水的蒸散发耗能是维持地球能量平衡的最重要因素。除了海洋以外，蒸散发最大的生态系统是天然植被。工业革命以来，天然植被的减少和退化十分明显。尤其是 20 世纪以来，随着人口的增加，大量天然植被遭到砍伐，用于农田和城市建设。由于天然植被的蒸散发减少，消耗的太阳能减少，这也是全球变暖的原因之一。

　　本篇从上述视点出发，就太阳能的规模、性质、社会和自然系统的能水关系进行讨论。

# 第1章 太阳能及其特征
## Solar energy and its characteristics

## 1.1 太阳能简介

太阳能，又称太阳辐射，是由太阳内部核聚变放射出的电磁辐射，其中约二十二亿分之一到达地球大气层，是地球上多种能量形式的源泉。除了地热能和潮汐能之外，地球上的所有能源都是由太阳能转变过来的。植物通过光合作用的方式把太阳能转变成化学能而储存下来。许多化石燃料（包括煤炭、石油和天然气等）也是由古代埋在地下的动植物经过漫长的地质年代形成的，本质上是由古代生物固定下来的太阳能。此外，由太阳能转化而来的还包括水能和风能等。

地球上的所有生物全部依赖太阳的光和热，因此太阳是地球上生命的源泉。假如没有太阳，地面上便不会有生命。如果太阳的辐射特征稍微改变，对地球上的生物就会有重大影响。例如，如果太阳能量减少一半，地面上温度便会下降到零摄氏度以下，导致河海的冻结。如果太阳的能量增加三倍或四倍，海洋里的水将会沸腾成为蒸汽。在地球上，正是由于太阳能的收入和地球能量的支出之间的微妙平衡，才使地球上的生物得以生存。

在人类文明的进程中，人类不断地向大自然索取，并探求适合自身生存和发展所需的各种能源。因此，能源的利用水平折射出了人类文明的前进步伐。我国人民利用太阳能的历史可以追溯到春秋战国时期，那时人们就已发现并开始利用太阳能。史书中记载了"司恒氏掌夫燧，取火于日"和"阳燧见日，则燃而为火"。据考证，其中"夫燧"和"阳燧"就是类似凹面镜的聚光集热装置。目前在世界各国广泛应用的太阳能热水器（图1-1）就是利用太阳能直接给水加温的装置。"光电效应"及其原理早在19世纪就已被发现；到20世纪30年代，这一原理在照相机中得到了广泛应用。随着半导体材料的发展，第一个太阳能电池于1954年由美国的贝尔实验室首先研制发明问世。此后，太阳能光伏产业迅速发展。1973年的石油危机促使世界各国意识到了能源开发的重要性。太阳能以其储量巨大、产物清洁，且能够避免垄断等优点吸引了世界各国的关注，太阳能应用技术也得到了积极的发展。各国均期望由增加太阳能的利用来减轻对化石燃料的依赖。

太阳能可以被捕获，并转化为可以利用的能量，如热能、电能等。然而，无论技术上的可行性还是经济上的可行性，都要考虑具体地点所接收到的太阳辐射的大小。地表任何一个具体地点所接收到的太阳辐射由以下几个因素决定。

图 1-1  太阳能热水器

注：该装置的工作原理是让水不断通过可以直接被太阳加热的输水管，反复循环加温，
达到获得热水的目的。目前主要用于浴室的供水。

资料来源：http://www.kepu.net.cn/gb/technology/new_energy/web/a9_n42_nn11.html

Figure 1-1  Solar water heater

Note：The working principle：The water in the tubes can be heated by sun repeatedly. The
equipment is mainly applied in shower.

From：http://www.kepu.net.cn/gb/technology/new_energy/web/a9_n42_nn11.html

1）地理位置。由于地球是球体，太阳辐射会以不同的角度到达地表。当太阳辐射垂直向地表入射时，地表接收的能量最多。入射角越大，太阳辐射穿过大气到达地表走过的距离越长（图 1-2），通过大气层时被吸收、散射和折射损耗的能量也越大。因此，南北回归线以上的高纬度地区接收到的太阳辐射相对于赤道地区较少。

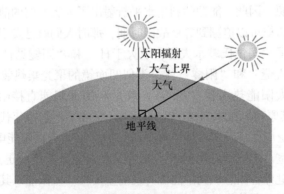

图 1-2  太阳高度与太阳辐射经过大气路程长短的关系

资料来源：http://www1.zgz2000.com.cn/dilizy.htm/gysc/22.files/main.htm

Figure 1-2  The relationship between sun height and the distance of solar radiation through atmosphere

From：http://www1.zgz2000.com.cn/dilizy.htm/gysc/22.files/main.htm

2）日照时间。某地的日照时间长短和许多因素有关，如纬度、季节、云量等。在低纬度地区，常年日照时间较高纬度地区长，而季节能够影响同一地区不同月份的日照时间，如北半球夏季日照时间就会长于冬季。

3）地貌特征。高海拔地区因为大气层较薄，日照较强。拉萨自古被称为日光城，其所在的青藏高原地处中低纬、海拔达到 4000~5000m，是中国日照最强的地区。

4）天气特征。云层较厚时，太阳辐射到达地表损耗的能量较多，日照强度较弱；反之也成立（图1-3）。

图 1-3　英国北爱尔兰穿过云层的阳光

资料来源：http://zh. wikipedia. org. by. com/wiki/%E5%A4%AA%E9%98%B3%E5%85%89

Figure 1-3　Sunlight through atmosphere in Northern Ireland, England

From：http://zh. wikipedia. org. by. com/wiki/%E5%A4%AA%E9%98%B3%E5%85%89

另外，地球会绕着太阳沿椭圆轨道公转，日地距离时时在变化。当太阳距离地球较近时，地表能接收到的太阳能更多。处于中纬度的美国，在夏季能够接收到更多的太阳辐射，不仅因为日照时间更长，还因为这一时段地球距离太阳更近。位于北纬 80°的科罗拉多州丹佛市，6 月接收的太阳能是 12 月的三倍。

地球的自转也会影响不同时间的日照变化。在清晨和傍晚，太阳相对地面的高度较低，太阳辐射需要穿过更长的大气距离到达地表，能量损耗也更大。在正午的时候，太阳处于它最高的位置，地表接收的太阳辐射也最大。

当太阳辐射穿过大气到达地表时，会被大气中的多种物质吸收、散射和折射，如空气分子、水蒸气、云、雾、污染物，以及森林大火和火山喷发造成的污染等。大气状况对到达地表的太阳辐射有很大影响，在晴朗干燥的天气里，太阳辐射会降低 10%；在阴天，太阳辐射可以减少多达 100%。

# 1.2　太阳能的特征

人类很早就开始了对太阳的研究，并且积累了许多与太阳相关的知识。然而，至今我们还有许多不能解释的物理现象。太阳是一颗气体状态的炙热火球（图1-4），半径约为 $7.0 \times 10^5$ km，是地球的109倍。太阳的质量约 $2.0 \times 10^{30}$ kg，其平均密度仅 1.4g/cm³，约为地球的1/4。太阳由轻质化学元素组成，其密度很低。太阳是由约77%的H，21%的He，以及2%的较重元素组成。若以原子个数计算，H原子占9/10以上，He原子约占1/10，其他原子的总数还不到2%。

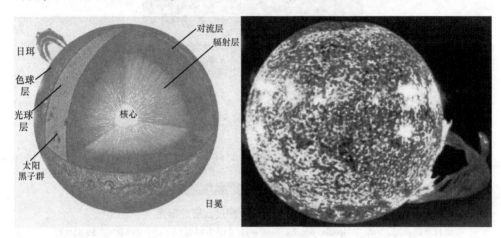

图1-4　太阳的结构和外表

资料来源：http://www.kepu.net.cn/gb/technology/new_energy/web/a9_n41_nn115.html

Figure 1-4　Structure and appearance of sun

From：http://www.kepu.net.cn/gb/technology/new_energy/web/a9_n41_nn115.html

日地距离约有 $1.5 \times 10^8$ km，我们仍然能明显地感受到太阳的热量，可见太阳辐射能量的强度之大。实际上，太阳每秒可以放出 $4.0 \times 10^{26}$ J的能量。太阳表面温度仅5800K左右，显著低于其中心温度（可高达 $1.5 \times 10^7$ K）。根据太阳中H含量估算，太阳辐射能够维持100亿年。太阳形成至今约有50亿年，所以太阳仍可再发光50亿年。

太阳的内部结构主要分为三层：核心区、辐射区和对流区。我们平时见到的耀眼的光亮部分，称为光球层；光球层外表面是透明的太阳大气，也称色变层；色变层外是色球层。太阳大气的最外层称为日冕层。

从化学特点来看，太阳内部发生如下化学反应时释放出能量：

$$4^1\text{H} \longrightarrow {}^4\text{He} + 2\beta + 2\gamma + 2\nu + 26.7\text{MeV} \qquad (1\text{MeV} = 1.6 \times 10^{-13}\text{J}) \qquad (1\text{-}1)$$

　　每秒太阳消耗百万吨 H 进行热核聚变反应，释放出 $4×10^{26}$J 的能量，辐射到地球大气层的能量约为总辐射能的二十二亿分之一。如图 1-5 所示，到达地球的太阳辐射中有很大一部分没有被直接利用，约 34% 被大气层反射而损耗于大气层之外，19% 被大气吸收，剩下 47% 则最终到达地球表面，发挥着重要的作用，包括为地表加温、促进水循环（蒸散发等）或供植物进行光合作用。这 47% 到达地表的太阳能中仍有一部分被反射回大气层。图 1-6 是到达地球一年的太阳能与其他不可再生能源和可再生能源量的比较。虽然实际到达地表的太阳能只占太阳能中的很小一部分，但也足够为地球上的各种生物提供能量。

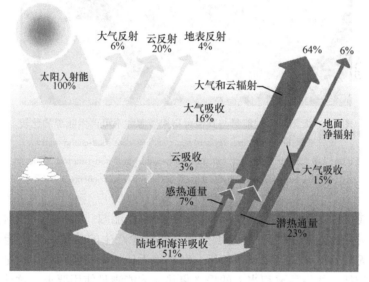

图 1-5　地球表面的能量收支

注：浅色箭头表示能量收入项，深色部分表示能量支出项。箭头的粗细表示能量的大小。

资料来源：http://www.solar-benefits.com/index.5.gif

Figure 1-5　Energy budget in Earth's surface

Note：Light color arrow indicates energy income, dark color arrow indicates expenditure.

The width of arrow indicates the amount of energy.

From：http://www.solar-benefits.com/index.5.gif

　　太阳能不仅提供了生物生存所必需的能量，而且也是地球上其他很多能源的来源。例如，水力是由水受太阳照射后形成水循环而产生，人类可以用其发电。风力是由空气受太阳照射所产生的对流现象而形成。煤是古代植物沉入地底后再加上压力所产生，而古代的植物也是因太阳能才能进行光合作用。化石燃料也是由古生物遗骸所形成的，所以地球上的能源大部分是直接或间接来源于太阳能。

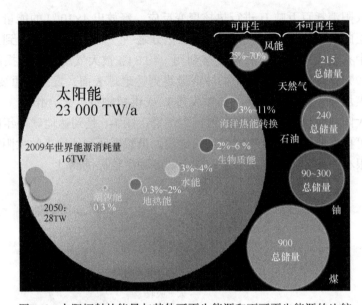

图1-6　太阳辐射的能量与其他可再生能源和不可再生能源的比较

资料来源：http://solarenergyfactsblog. com/how-does-solar-energy-work/

Figure 1-6　Solar radiation and other renewable and non-renewable energy

From：http://solarenergyfactsblog. com/how-does-solar-energy-work/

　　太阳能可以认为既是一次性能源，又是可再生能源。太阳能每小时辐射到地球的总能量约为$6.1×10^{20}$J，超过了全球一年能源产生的总量。太阳能既可免费使用，又无需运输，并且可长久使用，对环境无任何影响或污染。但是，太阳能能流密度较低，往往需要相当大的采光集热面才能满足使用要求，这使装置占地面积大、用料多，从而成本增加。另外，天气对太阳能收集的影响较大，到达某一地面的太阳辐射强度，会受地区、气候、季节和昼夜变化等因素影响，导致供能的连续性和稳定性较差，给使用带来不少困难。

## 1.3　太阳能的光谱特征

　　太阳光谱属于连续发射光谱。发射光谱是由发光物质直接产生的光谱，连续光谱则是由连续分布的一切波长的光组成，一般是由炽热的固体、液体及高压气体产生的光谱。在地球上观察太阳光谱会受地球大气的影响，因此到达地表的光谱和大气圈外的光谱有所不同（图1-7），到达地表的太阳辐射波段主要在可见和近红外范围内，少部分在近紫外部分。图1-7中的浅色部分是大气圈外的太阳光谱，实线是5250℃的黑体发射的太阳光谱，深色部分是海面上的太阳光谱。

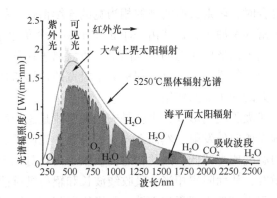

图 1-7　太阳光谱

资料来源：http://org. ntnu. no/solarcells/pics/chap2/Solar_Spectrum. png

Figure 1-7　Solar spectrum

From：http://org. ntnu. no/solarcells/pics/chap2/Solar_Spectrum. png

人类对于太阳光谱的研究经历了一个漫长的过程。最初从牛顿的实验开始：让一束太阳光通过棱镜，经过棱镜折射后分开形成各种颜色俱全的一道彩虹。这便是最原始的太阳光谱。这个实验看起来很简单，但它对整个物理学、光谱学和天文学有着重要意义。1802 年，英国化学家沃拉斯顿发现太阳光谱不是一道完美无缺的彩虹，而是被一些黑线所割裂。1814 年，德国光学仪器专家，也是物理学家的夫琅和费继续细心地研究了这些割裂太阳光谱中黑线的相对位置，并绘出光谱图，按英文字母顺序取名为 A、B、C、D、E、F、G、H、K 等。后人为了纪念他，把这些线命名为夫琅和费线。

太阳光谱的产生，可以根据原子理论来解释。每一元素只能在由它的原子结构所决定的特定波长发射和吸收能量。原子在吸收光量子时被激发，即原子中的电子从能级较低的能态跃迁到能级较高的能态。如果电子完成相反的过程，即从较高的能态跃迁到较低的能态，原子就辐射出波长一定的光量子。但是，如果原子所吸收的光量子的能量大于电子脱离原子所需要的能量，原子就将失掉一个电子，光量子所剩余的能量转变为自由电子的动能，这个过程是原子在辐射作用下的电离过程。电离原子俘获自由电子，即电子的动能变为辐射能的过程，或和电离过程相反的过程，这种过程称为复合过程。在太阳大气极为炽热的气体中，处处都在进行这些过程。从前面叙述可以看出，与原子电离相关的是辐射能转化为自由电子的动能，也就是气体被加热；而与复合过程相关的是气体的热能转化为辐射能，也就是气体冷却。太阳的连续光谱主要是由太阳光球所产生。太阳光球是由一层相当厚的稀薄大气所组成，这层大气的吸收和辐射的能量都很大。随着深入太阳内部，密度增大，温度增高。太阳光球产生连续光谱的原因一方面是这层大气中质子在复合时，辐射具有明亮的相当宽的连续谱带，另一方面由于这层大气中存在相当丰富的氢原子，这些由一个正质子和一个负电子组成的氢原子，还可以俘获第二个电子而形成所谓的负氢离子，负氢离子在复合过程中所产生的辐射在光谱中没有明锐的界限，相反，却构成了极宽的连续谱带。这对太阳连续光谱的形成起着巨大的和主要的作用。

下面，我们论述吸收线的形成，也就是夫琅和费线是怎样产生的。前面说过太阳光球辐射连续光谱向外发射，然而在光球的外面，光所通过的路上还有许多原子，它们所处的温度比光球低，因此，它们吸收了由自身原子结构所决定特定波长的辐射而被激发，从而阻碍相当于吸收线波长和辐射继续前进。这样，我们在地球上摄得的太阳光谱就出现彩虹中被一些黑线所割裂。所以太阳光谱中黑线的秘密透露了太阳的物理性质和组成有关的信息，当然这些黑线，其中也有地球大气的吸收线。

# 1.4　太阳能开发利用技术概述

太阳能利用的基本方式可分为四类：光-热利用、光-电利用、光-化学利用、光-生物利用。

## 1.4.1　光-热技术（光能-热能）

在四类太阳能利用的方式中，光-热转换的技术最成熟，产品也最多，成本相对较低。目前使用最多的太阳能收集装置，主要有平板型集热器、真空管集热器、热管式集热器和聚焦型集热器四种。这些集热器能够把水加热用来烧水、做饭和洗澡等。通常，太阳能热利用可分为三种：低温热利用、中温热利用和高温热利用。低温热利用技术产品包括最简单的温室与太阳房以及干燥器、蒸馏、供暖、太阳能热水器和开水器。中温热利用技术产品有空调制冷、海水淡化装置、制盐以及其他工业用热。高温热利用技术产品有简单的聚焦型太阳灶、焊接机、高温炉热力发电装置及太阳能医疗器具。在光热转换中，太阳能热水器的应用是当前应用范围最广、技术最成熟、经济性最好的。它是将太阳辐射能收集起来，然后通过与物质的相互作用转换成热能加以利用。与其他技术相比，光-热技术的优点是能量转化过程中的能量损失相对较少。

## 1.4.2　光-电技术（光能-电能）

光-电技术是指利用太阳能发电，这是未来太阳能利用的主要趋势。光-热-

电转换和光-电转换是利用太阳能发电的主要方式。光-热-电转换是利用太阳辐射所产生的热能发电。通常是首先经太阳能集热器将所吸收的热能转换为蒸汽，然后由蒸汽驱动汽轮机带动发电机而发电。前一过程为光-热转换，后一过程为热-电转换。光-电转换是指利用光电效应将太阳辐射能直接转换为电能，主要包括各种规格类型的太阳能电池板和供电系统。例如，利用硅和光电转换装置将光能直接转换为电能，产品类型主要有单晶硅、多晶硅和非晶硅。

### 1.4.3　光-化学技术（光能-化学能）

光-化学技术是指利用太阳辐射能直接将水分解制氢的光-化学转换方式。用光半导体为主要原料的光电化学池，在电解质的存在下，光阳极吸光后在半导体带上产生的电子通过外电路流向对极，水中的质子从对极上接受电子产生氢气。

### 1.4.4　光-生物技术（光能-生物能）

光-生物技术是指通过植物的光合作用将太阳能转换成为生物质能的过程。目前这方面技术的主要生物能源作物包括玉米、甘蔗、薪炭林、油料作物和海藻。

## 1.5　水循环在能量收支中的作用

来自太阳辐射的能量首先经过云层和地面反射、大气吸收、海洋和陆地吸收等过程；然后，被海洋和陆地吸收的能量又以感热、潜热和红外辐射的形式返回到大气和宇宙，形成了能量循环。总体来说，地球系统的能量收支基本处于一种动态平衡状态，到达地球的能量与地球放出的能量相等。由于水以在地表蒸发吸收能量和在高空凝结放出能量的形式参与到地球的能量收支过程中，虽然水的参与改变不了地球能量收支的总量，但是在调节地球的温度环境方面有至关重要的作用。水的蒸发耗能和凝结放能是地球能量收支的重要组成部分。

地球的水循环是指地面的液态水经过蒸发进入大气，通过降水回到地面，再通过径流回到水体（海洋、湖泊等）的过程。蒸散发、降水和径流是水循环的三个基本组成部分（图1-8）。例如，在吸收太阳能和地球表面的热能后，地球上的液态水不断被蒸发成为水汽进入大气。进入大气的水汽遇冷后又凝聚成液态水或固态水，同时放出大量能量。在重力的作用下，以降水的形式落到地面，这是个周而复始的过程。

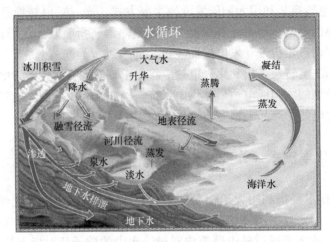

图 1-8　地球的水循环示意图

资料来源：http://ga. water. usgs. gov/edu/watercyclechinese. html

Figure 1-8　Schematic representation of the earth's water cycle

From：http://ga. water. usgs. gov/edu/watercyclechinese. html

　　水循环分为海陆间循环（大循环）、陆上内循环和海上内循环（小循环）。从海洋蒸发出来的水汽，被气流带到陆地上空，凝结为雨、雪、雹等落到地面。其中的一部分被蒸发返回大气，其余部分成为地面径流或地下径流，最终回归海洋。这种海洋和陆地之间水的往复运动过程，称为水的大循环。仅在局部地区（陆地或海洋）进行的水循环称为水的小循环。环境中水的循环是大、小循环交织在一起的，并在全球范围内和在地球上各个地区内不停地进行着。在太阳辐射和地球引力的推动下，水在水圈内各组成部分之间不停地运动着，构成全球范围的海陆间循环（大循环），并把各种水体连接起来，使得各种水体能够长期存在。海洋和陆地之间的水交换是这个循环的主线，意义最重大。

　　水循环是联系地球各圈和各种水体的"纽带"，是"调节器"，它调节了地球各圈层之间的能量，对冷暖气候变化起到了重要的作用。水循环是"雕塑家"，它通过侵蚀、搬运和堆积，塑造了丰富多彩的地表形态。水循环是"传输带"，它是地表物质迁移的强大动力和主要载体。更重要的是，通过水循环，海洋不断向陆地输送淡水，补充和更新陆地上的淡水资源，从而使水成为了可再生资源。

# 第 2 章 | 水行业的能源消耗——
# 以中国灌溉农业行业的能耗为例

## Energy consumption in water industry: a case study of the energy consumption in irrigated agriculture in China

## 2.1 引　言

中国人均水资源量少、国内水资源分布不均、水资源短缺的形势十分严峻。中国目前总储水量位列世界第六，但人均可用水量仅约为世界人均可用水量的1/4，排名世界第 109 位（Jin and Young, 2001）。另外，中国的北方土地面积占比为 64%，生产着中国 1/4 的粮食作物（Zhen and Routray, 2002）与 1/2 的蔬菜水果（中国国家统计局, 2004）。然而，中国的东北和西北地区仅拥有国家水资源的 20%，一直以来饱受缺水的困扰。

水资源短缺带来了诸多复杂问题。过去的几十年中，中国北方持续的农业发展在很大程度上靠抽取地下水来支撑。中国的地下水位持续性的快速下降，有些地方每年水位下降甚至超过 2m。这不仅导致抽水成本上涨，还会因海水入侵致使农民被迫放弃成千上万的水井（Kendy et al., 2004）。此外，水资源的稀短缺使人们使用未经处理的工业废水与城市污水，造成土地和地下水污染，间接导致食物中的污染物残留过量，影响人类健康。

灌溉农业是中国农业的基础，为粮食安全做出了很大的贡献。灌溉农业帮助中国多生产了 75% 的谷物、90% 以上的棉花、水果、蔬菜和超过 42% 的其他农产品（阎冠宇和李远华, 2003）。预期在 2030 年以前，中国食物需求将会增长 30%（钱正英和张光斗, 2001），未来灌溉农业在满足食物需求方面必然会起到更大作用（Seckler et al., 1999; Heilig et al., 2000; 钱正英和张光斗, 2001）。

## 2.2 中国农业用水行业的能源消耗

一般来说，农业用水的能源消耗在全国各地各不相同，有些地区主要靠抽取地下水并输送到使用区的方式、有些地区从运河或河水中取地表水灌溉、还有一些地区抽取地下水做补充灌溉，在降水充足的年份，补充地下水；在降水不足的年份，抽取地下水。总体来说，这些方式都展现了地下水应用的重要性。在农业灌溉中，水与能源的关联主要表现在于抽水、运输水以及灌溉农作物都需要使用能源。

抽水和水分配过程中的能源消耗将会成为未来灌溉研究的重要内容，值得深入探究。理论上说，如果水的使用量下降，能耗也会减少。但是，为了确保粮食生产，水的消耗很难减少。地表水与地下水的转换使用，也涉及复杂的能水关系。例如，由于过度抽取地下水会降低地下水的水位，为了防止地下水透支，必须从远处的水源调水（如南水北调），这样会消耗更多的能源。

## 2.2.1　中国有效灌溉面积

中国仅用占世界 6% 的水资源与占世界 9% 的可耕种土地，有效地满足了占世界人口 22% 的人口的粮食需求，为世界的食品安全做出了突出的贡献。现阶段，中国的灌溉土地面积从 2001 年的 5400 万 $hm^2$ 增长到 2010 年的 6000 万 $hm^2$（图 2-1），超过一半的中国可耕作土地都是灌溉农业区域，居世界之首。有效的灌溉区域生产出大约占中国 75% 的粮食以及超过 90% 的经济作物。如图 2-1 所示，农业作物产量与农业灌溉区域之间存在正相关关系，而且两者都在持续增加。特别是从 2004 年以来，农作物产量连续 6 年持续性的增长。据估计，2030年，平均每年水资源使用量人均会降至 $1760m^3$，这表明中国正在成为世界上水资源最为稀缺的国家。此外，气候变化和自然灾害也将会在农业生产方面产生负面作用，导致可耕作面积缩小，可能会动摇食品安全的根基。

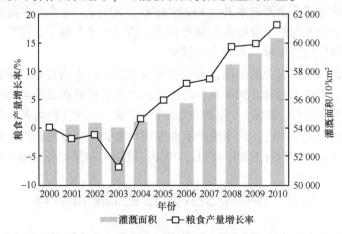

图 2-1　中国灌溉面积和粮食产量增长率

资料来源:中国农业机械年鉴

Figure 2-1　The irrigation area and growth rate of food production in China

From：China's agricultural machinery yearbook

## 2.2.2    中国农业灌溉中的能源消耗

农业灌溉中水资源的应用与能源消耗和温室气体的排放之间紧密相关。其中能源使用最多的环节是水的抽取、运输以及增压（McCornick et al.，2008）。气候变化影响水循环，并会影响水与能源及其反馈效应之间的相互关系。气候变化的结果是降水的不确定性增加，旱季更长、更旱。所以，旱季地表水资源的减少和水的终端使用者需求的上涨会导致对地下水资源使用需求的大幅增加，从而降低地下水位，导致在地下水的抽取中消耗更多的能量（Lofman et al.，2002）。由图 2-2 可以看出，从 1994 年以来，我国灌溉行业的总能耗和单位面积灌溉的能耗都在持续增加。特别在以地下水为主灌溉的区域，能源消耗水平相当高。中国灌溉年均耗电量以及灌溉区面积自 1992 年以来增加了近 50%。随着单位灌溉面积的耗电量上涨，中国灌溉所需能源还将大幅度增长。

农业产量、耗电量以及灌溉面积之间的相互关系非常复杂。1992～2004年，单位面积的耗电量和单位面积的农产量都保持上升趋势，这间接表明高农产量需要高电量的支撑。其中，单位面积的用电能耗增长 28%，农产品单位产量增长 38%，单位能耗的农产量稍有上升趋势，表现出稳中有升的农产品能源效率。

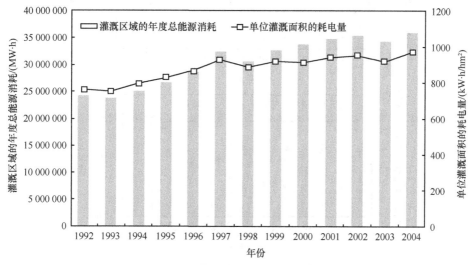

图 2-2    中国农业灌溉的年度总能源消耗

数据来源：中国农业机械年鉴

Figure 2-2    The total annual energy consumption of agricultural irrigation in China

From：China's agricultural machinery yearbook

## 2.3　中国与美国加利福尼亚州的农业灌溉能耗对比

美国加利福尼亚州（加州）在过去 50 年内一直是美国农业生产的第一大州，每年农产品产值约为 362 亿美元。相对于美国全国水平，加州的水系统属高耗能系统。抽水以及远距离的输水是目前的主要耗电方式。从北往南，大量的水需要进行远距离运输，并且纵向提升超过千余英尺（1 英尺 = 0.3048m）。例如，在一个南加州的家庭中，因用水而造成的能源消耗是仅次于冰箱和空调的第三大能源消耗来源，南加州的每个家庭大约需要为保障正常供水耗费总能耗的 14%～19%。

如图 2-3 所示，1992～2004 年，中国与加州的灌溉总用电耗能都以较大的增长率保持持续增长。特别是中国，截至 2000 年，灌溉总用电耗能增长率超过了 50%。说明人口的增加和生活水平的提高带来了世界性粮食需求的增加，也再次证明灌溉农业是保障粮食供给的基础。应该进一步加强节水灌溉，提高农业能源效率。

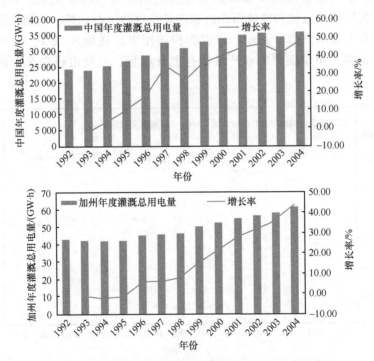

图 2-3　中国和美国加州的年度灌溉总用电量及其增长量

注：中国的数据来自《中国农业机械年鉴》，美国的数据来自加州能源委员会。

Figure 2-3　The total annual electricity consumption and it's growth rate in China and California in USA

Note：The data about China comes from China's agricultural machinery yearbook，the data about California comes from California energy committee.

# 2.4　小　　结

中国面临水资源短缺的压力，特别是在人口增加和气候变化的背景下，为了确保粮食安全，供给的水资源问题一直是中国的头等大事。为了维持农业的可持续发展，需要可靠的灌溉。在灌溉农业中，水的抽取、输送以及加压等环节都需要消耗大量能源。中国居于灌溉农业国家之首，因此在灌溉的能源消耗方面面临诸多问题。本节在讨论中国灌溉耗能的基础上，研究农业灌溉能耗与农业用水量的关系，分析灌溉行业的能源使用效率，并把中国与美国加利福尼亚州的情况进行对比。结果表明，灌溉农业是确保粮食安全供应的基础。灌溉行业的能效提高对农业增产和能源节约有重要意义。

## 参 考 文 献

钱正英，张光斗．2001．中国可持续发展水资源战略研究．北京：中国水利水电出版社，340．

阎冠宇，李远华．2003．对加强我国灌排基础设施建设的思考．中国水利，8（A）：53-56．

中国国家统计局．2004．中国统计年鉴．北京：中国统计出版社．

中国农业机械年鉴编辑部．1992-2011．中国农业机械年鉴．北京：机械工业出版社．

Heilig G K, Fischer G, Velthuizen H. 2000. Can China feed itself? An analysis of China's food prospects with special reference to water resources. Int J SustDev World, 7：153-172.

Jin L, Young W. 2001. Water use in agriculture in China：importance, challenges, and implications for water policy. Water Policy, 3：215-228.

Kendy E, Zhang Y, Liu C, et al. 2004. Groundwater recharge from irrigated cropland in the North China Plain：case study of Luancheng County, Hebei Province, 1949～2000. Hydrol Process, 18：2289-2302.

Lofman D, Petersen M, Bower A. 2002. Water, energy and environment nexus：the California experience. Int J Water Resour D, 18：73-85.

McCornick P G, Awulachew S B, Abebe M. 2008. Water-food-energy environment synergies and tradeoffs：major issues and case studies. Water Policy, 10 (Suppl. 1)：23-36.

Seckler D, Barker R, Amarasinghe U. 1999. Water scarcity in the twenty-first century. Int J Water Resour D, 15：29-42.

Zhen L, Routray J K. 2002. Groundwater resource use practices and implications for sustainable agricultural development in the North China plain：a case study in Ningjin County of Shandong Province, PR China. Int J Water Resour D, 18：581-593.

# 第3章 | 中国能源行业的水消耗
## Water consumption of energy industry in China

## 3.1 引　言

　　水是地球上所有生命形式的存活基础，更是人类为满足自身发展所必需的能源供给的载体。水与能源相互交融，相互依存。一方面，能源可以被用来收集、处理、淡化水并提高水的利用效率；另一方面，在能源的开采、冶炼、处理、液化、气化、发电等整个生命周期中，都离不开水的参与和保障。有了能源，水可以得到更好地利用；没有水，一切形式的能源利用将无从谈起。水和能源之间具有极强的依赖性，且都可以对环境产生显著影响。但与能源相比，水资源是基础自然资源，是生态环境的控制性因素，无疑具有更为重要的决定性作用。

　　中国的水资源现状令人担忧，未来前景更是不容乐观。根据水利部全国第二次水资源评价的结果，中国的多年平均年降水总量为 6.08 万亿 $m^3$，通过水循环更新的地表水和地下水的多年平均水资源总量为 2.77 万亿 $m^3$。其中地表水 2.67 万亿 $m^3$，地下水 0.81 万亿 $m^3$，由于地表水与地下水相互转换、互为补给，扣除两者重复计算量 0.71 万亿 $m^3$，与河川径流不重复的地下水资源量约为 0.1 万亿 $m^3$。中国人均水资源量不足 2200$m^3$，目前有 16 个省、自治区、直辖市人均水资源量（不包括过境水）低于严重缺水线。有 6 个省、自治区（河北、山东、河南、山西、江苏、宁夏）人均水资源量低于 500$m^3$。预计到 2030 年中国人口增长至 16 亿时，人均水资源量将降到 1750$m^3$（张利平等，2009）。处在重要战略机遇期的中国将加速推进工业化进程，对能源供给和保障的要求也水涨船高，而中国特殊的能源现状使得能源开发与水资源供应之间的矛盾日趋尖锐：①中国的能源总量较为丰富但人均占有量较低。中国拥有较为丰富的化石能源，煤炭占主导地位。目前煤炭资源已探明可采储量列世界第三位。已探明的石油、天然气储量相对不足，油页岩、煤层气等非常规化石能源储量潜力较大。水力资源理论蕴藏量折合年发电量为 6.19 万亿 $kW \cdot h$，经济可开发年发电量约 1.76 万亿 $kW \cdot h$，相当于世界水力资源量的 12%，列世界首位。然而，中国人口众多，人均能源资源占有量在世界上仍处于较低水平。煤炭和水力人均资源占有量相当于世界平均水平的 50%，石油、天然气人均资源占有量仅为世界平均水平的 1/15 左右。②能源分布广泛但不均衡。煤炭主要在华北、西北地区，水力主要在西南地区，石油、天然气主要在东、中、西部地区和海域。大规模、长距离的北煤南运、北油南运、西气东输、西电东送，是中国能源流向的显著特征和能源运输的基本格局。③能源开发难度较大。与世界相比，中国煤炭大部分储量需要井下开采。石油天然气埋藏深，勘探开发技术要求较高。未开发的水力资源多集中在西南部的高山深谷，远离负荷中心，开发难度和成本较大。

## 3.2　中国能源行业的水消耗现状分析

### 3.2.1　中国能源行业的年总耗水量

2001 年中国六大能源行业的总耗水量为 34.88 亿 t，经过了 10 年的发展，2010 年的总耗水量为 34.91 亿 t，基本维持稳定水平（图 3-1）。其中电力、热力生产供应业高居六大行业之首，其他行业依次为煤炭开采及洗选业，石油加工、炼焦及核燃料加工业，石油和天然气开采加工业，水的生产与供应业，燃气生产和供应业。以 2001 年为基年，六大行业总耗水量增长率经历了正负交替的变化过程，增长率在 2005 年达到峰值，2006～2007 年耗水量下降，2008 年有所反弹，2009 年又呈现较明显的下降趋势，2010 年再次有所反弹（图 3-1）。

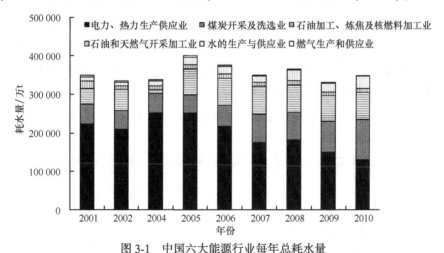

图 3-1　中国六大能源行业每年总耗水量

Figure 3-1　The total annual water consumption in six energy industries of China

### 3.2.2　六大能源行业耗水量占行业总耗水量的比例

从图 3-2 可以看出，2001～2010 年，电力、热力生产供应业，燃气生产和供应业耗水量占行业总耗水量的比例基本保持了逐年下降的趋势；与此相反，煤炭开采及洗选业、水的生产与供应业的耗水量占行业总耗水量的比例却呈现了快速上升的趋势。石油加工、炼焦及核燃料加工业，石油和天然气开采加工业耗水量占行业总耗水量的比例变化不大，较为平稳。

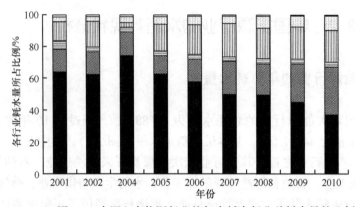

图 3-2　中国六大能源行业的年水耗占行业总耗水量的比例

Figure 3-2　The proportion of annual water consumption in six energy industries of China on total water consumption

中国六大能源行业单位产值耗水量及增长率在 2001~2010 年，中国六大能源行业的单位能源水耗由 25.82 万 t/亿元下降至 3.63 万 t/亿元，平均每年下降 2.2 万 t/亿元，下降较为迅速。以 2001 年为基年，除 2004~2005 年为正增长外，其余年份都维持了负增长的态势（图 3-3）。

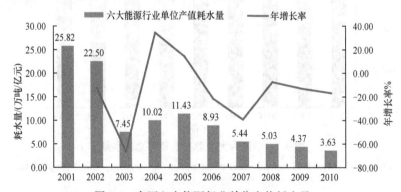

图 3-3　中国六大能源行业单位产值耗水量

注：该比例图的横轴为时间轴，左纵轴为六大能源行业的单位能源水耗，右纵轴为六大能源行业单位能源水耗的年增长率。

Figure 3-3　The water consumption per unit of output in six energy industries of China

Note: The horizontal axis indicates the time (year); the left and vertical axes indicate the annual water consumption and its growth rate per unit of energy in six energy industries of China, respectively.

# 3.3 中国六大能源行业水耗分析

从中国六大能源行业的水消耗现状中可以看出,要有效地降低能源行业的水耗,必须以电力热力生产供应业和煤炭开采及洗选业作为抓手。因为无论从哪一项指标来衡量,这两大行业在六大能源行业的水消耗中都占有举足轻重的份额。然而从图 3-1 和图 3-2 来看,10 年间两大行业的水耗变化不大,究其原因,主要有技术和政策两方面因素的掣肘。

## 3.3.1 技术因素

电力、热力生产和供应业是关系国计民生和社会发展的重要基础产业,它们既是能源生产供应大户,也是资源消耗和污染物排放大户。我国的电力、热力生产和供应业依靠的是以燃煤为主的火力发电。近十几年来,火力发电装机容量保持在总装机容量的 75% 左右,发电量占总发电量的 80% 左右(狄向华等,2005)。因此,电力、热力生产与供应业能否实现可持续发展,关键取决于火力发电。火电厂发电所依赖的汽轮发电机组有凝汽式(含抽汽凝汽式)和背压式两种(贺益英,2004),目前绝大多数火电厂的汽轮机组是凝汽式。汽轮机利用高温高压蒸汽做功的热力循环中必须存在冷端,即蒸汽动力循环中蒸汽温度最低的点位。对凝汽式机组而言,蒸汽经汽轮机全部叶轮做功后,成为乏汽,排至排汽缸,进入汽轮机冷端——凝汽器,乏汽温度为 25~45℃。在凝汽器这个非接触式冷却器中,乏汽经管壁传热至循环冷却水,释放凝结潜热,变成凝结水后被重返锅炉。保证汽轮机冷端功效的是流经凝汽器吸收乏汽凝结潜热的循环冷却水。冷却水有两个来源:一是取自自然水域;二是来自电厂的冷却塔。由此,冷却水是否能够循环使用就成为降低电力、热力生产和供应业水耗的关键因素。

截至 2008 年,全国电力、热力生产和供应业中火电用水占行业总用水的 40%,火电厂平均装机耗水率比国际先进水平高 40%~50%,相当于 1 年多耗水 15 亿 t(江自生和韩买良,2008)。由于循环水冷却塔的耗水量占整个电厂耗水量的 60% 以上。因此,冷却塔耗水量的变化对整个电厂耗水量有着较为明显的影响。冷却塔的耗水又以蒸发耗水为多,占到火电耗水总量的 47.1%(李芳等,2005)。冷却塔内水量散失主要是因为蒸发散热使部分水相变为水蒸气进入空气中,同时由于热湿交换不充分,而使多余的水滴进入空气中,由于冷却塔中的冷却水在制冷循环系统中主要是温度升高,水质变化不大,若采取适当措施降温处理后,形成回用系统,将是节水的重要途径。但到目前为止,还没有找到在成本和技术上能够大规模推广适用的技术。此外,吸收乏汽余热的冷却水排放至江、河、湖、海等自然水域，经与环境水体的掺混和对大气的散热，将大量的余热弃置自然水域（排水问题），由此给无论是地处丰水区还是缺水区的火电厂都带来了极大的问题。一方面，由于所造成的热污染，丰水区的火电厂也只能在尽可能少受该余热影响的水区抽取新的低温循环冷却水（取水问题）。另一方面，缺水区的火电厂，则必须采用冷却塔来冷却循环水，冷却水携带的余热经冷却塔释放到大气，冷却后的循环水再送入凝汽器冷却乏汽，发电机组不停止运行，循环冷却水则一刻不停地将大量余热弃置于自然环境中，使得取水成为更大的问题。目前的研究主要集中于冷却塔的节能节水设计和现有技术的升级改造，但还未见有大规模的推广使用。

煤炭开采及洗选业作为电力、热力生产和供应业的上游能源行业，对于水资源的依赖性也非常明显。首先，煤炭开采主要造成的是煤层以上所有蓄水构造的破坏（王晓宇，2003），开采后形成的裂隙导水带、地面沉降带均能造成地面变性，从而改变煤系含水层及其上覆含水层中地下水原有的循环迁移条件，以及矿区地表径流的产汇流条件，加剧了水资源的紧张局面。我国煤炭以地下开采为主，为了确保井下安全生产，必须排除大量的矿井水，对矿井水进行处理并加以利用，既可以防治水资源流失，避免对水环境造成污染，又可以缓解矿区供水不足的局面。根据对我国 22 个省、自治区、直辖市的 136 个煤矿的调查统计，全国平均每采 1 t 煤，排放矿井水 $2.1m^3$，2005 年全国煤炭产量约为 22 亿 t，矿井水排放量约为 42 亿 $m^3$（何绪文等，2008）。从总体上看，矿井水利用的规模还较小，技术水平不高，而且发展极不平衡。据不完全统计，2005 年未经处理的外排矿井水约为 28 亿 $m^3$，这种高排放量低利用率现象的存在，造成了水资源的严重浪费。若对矿井水进行处理并加以利用，既可以防治水资源流失，避免对水环境造成污染，又可以缓解矿区供水不足的局面。目前，矿山企业和相关的科研院所已经进行了多年研究并陆续开发、推广了一批矿井水净化利用的技术成果，取得了一些成功经验，但随着煤炭工业现代化建设的加快和对分质供水、安全用水水质要求的不断提高，矿井水处理工艺、技术及设备等还与理想的节水利用目标存在相当的差距。其次，煤炭洗选的目的是为了满足用户使用和保护环境的要求，通过采用多种适用的工艺与设备加工原煤，从而生产出低灰、低硫、高发热量的精煤或优质煤。为进一步的洁净煤加工、利用提供了一个坚实的基础。通常它可以将灰分为 25%~30%，硫分为 1%~4% 的原煤，经降灰、脱硫后成为灰分在 10% 以下，硫分在 1% 以下的商品煤（单忠健，1995）。煤炭洗选造成的环境污染主要是煤泥水的排放。我国选煤厂全部都是采用水介质工作，因此煤炭洗选加工过程中要使用水。由于煤炭含有多种杂质，选煤厂排出的煤泥水组成也是复杂的，浓度也是不同的。地方小选煤厂，因为投资少、工艺简单，大多没有采用煤泥处理设备，更没有实现煤泥水闭路循环。针对传统煤泥水处理系统效率低、出水 pH 值高、设备及管道结垢严重的问题，考虑到煤泥水具有浓度高、细泥含量大、粒径小、自然沉速低的特点，选用一种高效、经济、可行的处理工艺对其进行改造，最终实现废水零排放、清水洗煤、洗煤水闭路循环，达到节约运行成本和保护环境的目的（吕平海等，2008）。目前的方法是对其进行技术改造，包括选用高效絮凝剂作为处理剂，以保证浓缩机出水水质达到回用水质标准、采用固体片剂溶解后用计量泵投加进行 pH 值调节等，但目前尚未见到大规模的技术改造及推广使用。

## 3.3.2 政策因素

电力、热力生产和供应业在 2001~2010 年，无论是年总耗水量还是单位能源水耗，下降幅度都是较大的。由于这些行业是依靠以燃煤为主的火力发电，因此国家在火电方面出台的相关政策对该行业整体有很大影响。

在影响火电水耗下降的诸因素中，2002 年的国家电力体制改革最为引人关注。体制改革之初，火电企业和各级政府办电积极性大增，火电发展势头良好，装机容量、上网电量、企业管理水平均大幅度上升。但自 2004 年起，国家出台煤电价格联动机制（龚秀松，2011），即根据煤价涨幅，相应提高火电上网电价，该政策的出台不仅没有助推火电企业更快发展，反而造成了延续至今的"火电困局"。究其原因，主要有以下几点：①煤电价格联动的市场条件发生了重大变化。2003 年以前，煤炭市场总体供求平衡，价格基本稳定，煤价涨幅较小，电厂承担压力不大。近年来，资源性产品需求旺盛，国际油价、煤价大幅上升，而国内煤炭价格完全放开，企业定价随行就市，受资源性产品比价推动，国际涨价等因素影响，国内煤炭价格始终存在刚性涨价冲动。电厂承担压力巨大。从体制机制来看，电力体制改革前，电企和煤企是一种双向垄断，电网与火电厂是一家，控制着煤企的生产用电。同时，电厂设计之初都有配套煤源，受当时交通运输条件限制，煤企的煤炭只能销售给对应的电厂，而电厂也只有到对应的煤矿进煤才合算。加上煤炭当时的社会总需求不大，煤炭供应平衡并略为供大于求电煤价格与市场煤价基本持平，电煤价格在这种双向垄断中保持了动态平衡。电力体制改革以后，火电厂已经无法直接影响煤企的电力供应，加上火电厂越来越多，又分属不同的集团，对电煤的需求就日益激烈。②煤电价格联动陷入了提高上网电价、推动煤价螺旋上升的怪圈。煤炭市场属于典型的卖方市场，政府启动煤电价格联动，提高火电上网电价，本意是缓解火电厂成本压力，但却让煤企看到了再次涨价的机遇。"火电困局"的结果使众多火电企业陷入了生存困境，新火电项目的投资上马和由此带来的隐形水耗的上升空间均大幅度缩小。"十一五"期间，电源投资明显向非化石能源发电领域倾斜，水电、核电、风电合计完成投资占电源投资的比重从 2005 年的 29%持续提高到 2010 年的 63%，火电投资完成额由 2005 年的 2271 亿元快速减少到 2010 年的 1437 亿元，同比下降 36.7%（沙益强，2011）。在 2011 年初的全国能源工作会议上，国家能源局明确表示，"十二五"期间将合理控制火电规模，严格控制东部沿海地区新、扩建燃煤电站。在此政策影响下，2011 年上半年的火电投资规模与装机投产仍在持续下降。截至 2011 年 6 月底，水电、火电、核电、风电装机分别同比增长 8.7%、8.9%、19.2%、70.1%，全国装机总容量同比增长 10.5%。从增速看，发电装机和火电装机增速均为 2006 年以来同期低水平，仅高于 2009 年同期，其中火电新增装机比上年同期少投产 90 万 kW，且火电装机增速低于用电量增速。

作为电力、热力生产和供应业的上游行业，"火电困局"同样也给煤炭开采及洗选业带来了巨大的影响。在 2001~2010 年，该行业虽然在单位能源水耗上呈现了下降的态势，但年耗水总量是不降反升的。究其原因是与产能扩大和产能结构不合理紧密相关的。

我国自 1990 年初提出发展洁净煤技术以来，国家从政策和资金等方面支持洁净煤技术的发展。国务院自 1995 年批准《中国清洁煤技术"九五"计划和 2010 年发展纲要》；科技部门加强洁净煤技术研发，如国家"863 计划"设洁净煤技术专题研发关键技术；2006 年推进洁净煤发电纳入国家"十一五"规划，2007 年的《国务院关于印发中国应对气候变化国家方案的通知》与中华人民共和国国家发展和改革委员会能源发展"十一五"规划再次强调煤的清洁高效利用与发电；2011 年，推进能源多元清洁发展纳入国家"十二五"规划，洁净煤技术产业化将稳步推进。煤炭洗选加工是洁净煤技术的源头，在煤炭洁净利用的产业链中起着关键作用。近年来，我国煤炭洗选能力逐年上升，洗选量由 2000 年的 3.7 亿 t 增加到 2009 年的 13.5 亿 t，2010 年的入洗率约达 47%（杨丽和曾少军，2011）。由于 2004 年国家出台煤电价格联动机制后逐步形成了"火电困局"，煤炭对于火电企业的"稀缺性"愈发显现，催生了众多的中小煤炭开采及洗选企业。2005 年全国煤炭总产量为 21.1 亿 t，其中国有重点煤矿约占 50%，国有地方煤矿及乡镇煤矿合约占 50%。据不完全统计，2005 年全国共有年入洗原煤能力 15 万 t 以上的选煤厂 1850 座，其中国有重点煤矿 290 座，地方煤矿选煤厂 160 座，乡镇和民营煤矿选矿厂 1400 余座。全国平均入洗率为 30%，其中国有占 49%，地方国有占 19%，乡镇及民营占 12%。据粗略统计，全国 1850 多座选煤厂平均年入洗能力仅为 45 万 t。在选煤厂总数中，120 万 t 以上的只占 15%，45 万~90 万 t 的占 35%，30 万 t 以下的占 50%，南方省份 30 万 t 以下的占 80%以上（郭光泉，2006）。中小企业存在技术装备落后、工艺不合理、生产环节不配套等问题。由此，逐步扩大的产能进一步加剧了水资源紧张的局面。

# 3.4 讨 论

要在社会经济发展中实现能源与水的统筹，就必须大力推行循环经济的发展。我国近年来在循环经济的政策制定上花了很大的气力，特别是在立法方面，取得了长足的进步。我国于 20 世纪 90 年代进入了循环经济立法的起步期，1992年 8 月，国务院制定的《中国环境与发展十大对策》明确提出：新建、改建、扩建项目的技术起点要高，尽量采用能耗物耗小、污染物排放量少的清洁生产工艺。1994 年，国务院通过的《中国 21 世纪议程》更是把清洁生产作为优先实施的重点领域。1996 年，国务院《关于环境保护若干问题的决定》再次强调了清洁生产的重要性。1997 年，国家环保局《关于推行清洁生产的若干意见》明确提出了"九五"期间推行清洁生产的总体目标以及实现该目标的九个方面的意见。其后，2002 年，《清洁生产促进法》的颁布实施标志着我国对清洁生产的法律规制从此迈上了一个新的台阶，为循环经济立法的全面提速和法律体系的初步形成打下了坚实的基础。进入 21 世纪后，我国的循环经济立法更是步入了加速期，2008 年 8 月 29 日通过的《循环经济促进法》、2002 年 6 月 29 日通过的《清洁生产促进法》和 2007 年 10 月 28 日经修订的《节约能源法》构成了我国循环经济立法的主干。那么为什么现有的政策和立法在协调能源开发和水资源利用中作用有限呢？主要存在以下两方面的原因。

第一，纵观我国的循环经济立法，突出的特点是"倡导性规范"过多，对违法行为进行法律规制的责任条款少之又少。法律条文的内容多是授权性条款和原则性规定，自身缺乏程序性和可操作性，加之循环经济专项法等配套立法仍不完善，使得整个循环经济立法的法律约束力度十分有限，柔性有余而刚性不足。例如，在煤炭开采过程中，根据《煤炭工业污染物排放标准》，采煤工业废水的化学需氧量（COD）日最高允许排放浓度不能超过 70mg/L，但对矿井水允许抽排量却无任何规制措施，基本任由排除。

第二，多头管理的体制贻害不浅。例如，对于矿井水的综合利用，首先，水资源的供销属于城管部门管理，矿井水利用未纳入地方供水计划，不允许矿区对外供水，企业自身用水也受到一定的限制，影响了企业的发展；其次，水资源属于水利部门管理，若利用矿井水，就得缴纳水资源费，但是若直接排放，就不必缴费；最后，矿井水作为废水属于环保部门管理，要收取排污费，如果进行资源化利用，又要收水处理费。上述管理政策和措施使得企业利用矿井水时左右为难，也影响了企业利用矿井水的积极性。

# 3.5 小 结

中国经济受能源供给的影响很大，水资源是能源供给得以保障的关键，未来中国经济能否可持续发展，关键在于能源与水的统筹。本研究以电力、热力生产供应业、煤炭开采及洗选业、石油加工、炼焦及核燃料加工业、水的生产与供应业、石油和天然气加工业、燃气生产和供应业为对象，分析了 2001~2010 年六大能源行业的总耗水量和单位能源水耗，结果表明，2001 年六大能源行业的总耗水量为 34.88 亿 t，单位能源水耗为 13.16 万 t/亿元，经过了 10 年的发展，2010 年的总耗水量为 34.91 亿 t，单位能源水耗为 1.85 万 t/亿元，其中电力、热力生产供应业高居六大行业之首（2001 年总耗水量为 22.30 亿 t，单位能源水耗为 8.06 万 t/亿元；2010 年总耗水量为 12.96 亿 t，单位能源水耗为 0.29 万 t/亿元），其他行业依次为煤炭开采及洗选业（2001 年总耗水量为 5.07 亿 t，单位能源水耗为 1.33 万 t/亿元；2010 年总耗水量为 10.48 亿 t，单位能源水耗为 0.53 万 t/亿元）、石油加工、炼焦及核燃料加工业（2001 年总耗水量为 4.17 亿 t，单位能源水耗为 0.27 万 t/亿元；2010 年总耗水量为 7.00 亿 t，单位能源水耗为 0.26 万 t/亿元）、水的生产与供应业（2001 年总耗水量为 1.04 亿 t，单位能源水耗为 38.54 万 t/亿元；2010 年总耗水量为 3.12 亿 t，单位能源水耗为 17.94 万 t/亿元）、石油和天然气加工业（2001 年总耗水量为 1.88 亿 t，单位能源水耗为 0.21 万 t/亿元；2010 年总耗水量为 1.16 亿 t，单位能源水耗为 0.08 万 t/亿元）、燃气生产和供应业（2001 年总耗水量为 0.42 亿 t，单位能源水耗为 5.01 万 t/亿元；2010 年总耗水量为 0.19 亿 t，单位能源水耗为 0.55 万 t/亿元）。据此，我们得出，2001~2010 年，虽然中国六大能源行业的单位能源水耗在逐年下降，但总耗水量仍然维持高位运行。由资源禀赋和技术的局限性所限，中国对传统能源较高的依赖性仍将消耗大量水资源。中国未来经济发展必须对能源与水统筹兼顾，尤其要注意水资源的综合利用，注重从制度和技术上破解阻碍经济发展的能源开发和水资源利用之间的矛盾。

# 参 考 文 献

狄向华, 聂祚仁, 左铁镛. 2005. 中国火力发电燃料消耗的生命周期排放清单. 中国环境科学, 25 (5): 632-635.

龚秀松. 2011. 深化煤电价格体制改革、破解火电困境——关于火电行业发展困局的调研报告. 价格理论与实践, (5): 4-6.

郭光泉. 2006. 规范煤炭洗选加工行业市场促进中小型选煤厂健康发展. 煤矿工程, (9): 60-61.

贺益英. 2004. 关于火、核电厂冷却水的余热利用问题. 中国水利水电研究院学报, 2 (4): 315-320.

何绪文, 杨静, 邵立南, 等. 2008. 我国矿井水资源化利用存在的问题与解决对策. 煤炭学报, 33 (1):

63-66.

江自生，韩买良．2008．火电机组水资源利用情况及对策．华电技术，30（6）：1-5．

李芳，王景刚，刘金荣．2005．热管技术应用于冷却塔节水的理论分析//陈光明，王勤，张学军．2005．制冷空调新技术进展——第三届制冷空调新技术研讨会论文集，446-450．

吕平海，张格红，吴健，等．2008．选煤厂酸性煤泥水的处理工艺改造．中国给水排水，24（8）：28-30．

沙益强．2011．火电困局警示录．中国电力企业管理，(10)：29-33．

单忠健．1995．煤炭洗选加工生产中的环境问题——治理工程与对策．煤矿环境保护，9（1）：25-30．

王晓宇．2003．山西煤炭开采对水资源的影响分析及对策研究．科技情报开发与经济，13（12）：107-109．

杨丽，曾少军．2011．我国洁净煤产业发展现状与对策．煤炭经济研究，31（6）：4-11．

张利平，夏军，胡志芳．2009．中国水资源状况与水资源安全问题分析．长江流域资源与环境，18（2）：116-120．

# 第二篇 蒸散发、水分收支和能量收支

## Evapotranspiration, water and energy budgets

全球变暖和淡水资源短缺是 21 世纪人类面临的最为严重的生态与环境问题（IPCC, 2007）。伴随着气候变化，人类活动引起的土地利用/覆盖变化对陆地生态水文过程的影响日益深刻。我们需要及时把握变化环境下水资源和水循环的形成演变规律，以保障水资源安全，实现水资源的可持续利用。

水循环是自然界最重要、最活跃的物质循环之一，对人类的生存和各项生产活动具有重要意义。水循环的环节主要包括降水（precipitation）、蒸散发（evapotranspiration）、径流（runoff）和入渗（infiltration）等过程，其中蒸散发是地球水文循环中不可或缺的关键环节之一，它的发生伴随着能量和水分在土壤-植被-大气之间相互转移，在调节局部或区域气候方面至关重要。因为蒸散发不仅是水量平衡中的关键部分，而且还是地表能量平衡中的重要组成部分，对蒸散发的认识和研究非常重要。鉴于地表能量交换与水分循环这两个重要的过程能在很大程度上决定环境的特征，蒸散发作为全球变暖的重要反馈因素，受到了生态学和全球变化科学界的特别关注（IPCC, 2007），尤其是在水量平衡与水资源管理领域。本章首先对土壤蒸发、植被蒸腾等过程进行详细介绍，然后从全球、陆地、城市和生态系统四个尺度，对水量平衡和能量平衡各项分配和过程进行阐述。

# 第4章 | 蒸散发及其物理过程

## Evapotranspiration and its physical principle

## 4.1 蒸 发

### 4.1.1 蒸发的概念

蒸发是液态水或固态水表面的水分子速度足以超过分子间的吸力时，不断地从液态水表面逸出的现象，即水分从液态变为气态的过程。蒸发是水循环和水量平衡的基本要素，在研究一定地区的水量平衡、能量平衡和水资源估算中有着重要作用。单位时间从单位面积蒸发面逸散到大气中的水分子数与从大气中返回到蒸发面的水分子数的差值称为蒸发速度，通常以 mm/h、mm/d、mm/a 表示。在充分供水条件下，蒸发速度可以反映环境的蒸发能力。

自然界蒸发面的形态多种多样。发生在海洋、江河、湖库等水体表面的蒸发，称为水面蒸发。发生在土壤表面或岩体表面的蒸发，通常称为土壤蒸发。

### 4.1.2 水面蒸发

#### 4.1.2.1 水面蒸发的物理过程

对于自由水面而言，进入水体的能量增加了水分子的动能，当一些水分子所获得的动能大于水分子之间的内聚力时，就能突破水面进入空中，这就是水面蒸发。因此，只有那些动能大的水分子才能逸出水面。剩下水分子的平均动能减少，水温因而降低。相反，水面上空气中的一些水汽分子由于受到水面水分子的吸力作用或本身受冷的作用从空中返回水面，称为凝结。

对于一个封闭系统，水分子运动的能量来自热能。当一个水分子获得足够的能量时，就会离开水体，进入空中。当继续供给热能时，汽化作用就能不断地进行，结果水分子在水面上积累起来。水面温度越高，其中水分子运动越活跃，从水面跃入空中的水分子也就越多，以致水面上空气中的水汽含量也越多。

### 4.1.2.2　影响水面蒸发的因素

影响水面蒸发的因素有很多，主要因素分为两类：即可获得的能量（主要包括太阳辐射）和蒸发后的水分子扩散离开水面的难易程度（主要包括湿度和风速）。因为自然条件下水在汽化时需要的能量主要来自太阳辐射（solar radiation），所以蒸发过程受太阳辐射的影响最大，且随时刻、季节、纬度及天气条件而变。

水汽的扩散主要受空气干湿程度和风速的影响。饱和水汽压差（vapor pressure deficit）是反映空气干湿程度的指标，它是水面的饱和水汽压与水面上空一定高度的实际水汽压之差。饱和水汽压差越大，空气相对越干，水分子越容易扩散，蒸发速度也就越快。但当上层水汽压升高，大气分子密度大时，水分子的扩散受到抑制，蒸发就会变得缓慢。在同样的温度下，空气湿度较小时的水面蒸发量要比空气湿度较大时的水面蒸发量大。

风速是影响蒸发速度的另外一个重要因素。风可以增加水汽的扩散，移走水面上的水分子，促进水汽交换，使水面上水汽饱和层变薄并保持持续强大的输送能力。因而风速越大，水面的蒸发速度就越高。当风速超过一定限度时，水层表面的水汽分子随时被风完全吹走，此后风速再大也不会影响蒸发强度。

除了上述主要因素外，蒸发还受到气温、水质、蒸发表面情况等因素的影响。气温决定空气中水汽含量的能力和水汽分子扩散的速度。气温高时，蒸发面上的饱和水汽压比较大，易于蒸发；水温反映了水分子运动能量的大小，水温高时，水分子运动能量大，逸出水面的水分多，蒸发强。当风速等其他因素变化不大时，蒸发量随气温的变化一般呈指数关系。

水质也会影响蒸发过程。水中的溶解质增加后会减少蒸发。混浊度（含沙量）会影响反射率，因而影响热量平衡和水温，间接影响蒸发。由于废水的颜色不同，吸收太阳辐射的热量也不一样。一般深色污水往往大于清水蒸发量15%~20%。

蒸发表面是水分子在汽化时必须经过的通道，若表面积大，则蒸发面大，蒸发作用进行得快。此外，水体的深浅对蒸发也有一定的影响，浅水水温变化较快，与水温关系密切，对蒸发的影响比较显著。深水水体则因水面受冷热影响时会产生对流作用，使整个水体的水温变化缓慢，落后于气温时间较长，深水水体中蕴藏的热量较多，对水温起一定的调节作用，因而蒸发量在时间上的变化比较稳定。不同的地理位置、地形情况都对水面蒸发过程有影响。

综上所述，影响水面蒸发的因素分为气象因素（如太阳辐射、湿度、风速等）、水体自身及自然地理因素（如水面大小及形状、水深、水质和地形等）。

## 4.1.3 土壤蒸发

### 4.1.3.1 土壤蒸发的条件

要使土壤蒸发持续不断地发生，必须满足下面的三个条件：第一，有持续不断的能量供给；第二，蒸发面和大气之间有水汽压梯度并且蒸发后的水汽能被源源不断地运走；第三，持续不断的土壤水分供给（邱国玉，2008）。

### 4.1.3.2 土壤蒸发的三个阶段

如图 4-1 所示，土壤的水分蒸发过程一般可分为三个阶段。土壤蒸发的第一阶段为稳定蒸发阶段（constant-rate stage）。当土壤含水量大于田间持水量时，蒸发过程发生在土壤表面，蒸发速度与同样气象条件下水面的蒸发速度接近，而与土壤湿度无关。土壤中的水分可以通过毛管作用源源不断的供给土壤蒸发，从土壤表面逸散到大气中的水分与从土层内部输送至表面补充的水分相

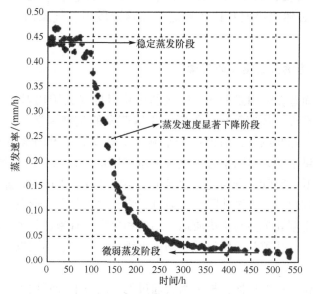

图 4-1 土壤蒸发过程的三个阶段

注：纵轴是土壤蒸发速度，横轴是蒸发开始后的时间。

资料来源：引自 Qiu 等（2006）

Figure 4-1 Three phase of soil evaporation

Note：the vertical axis indicates the soil evaporation rate. The horizontal axis

indicates the time after evaporation.

From：Qiu et al. （2006）

当，这种情况属于充分条件下的土壤蒸发。在这一阶段中，蒸发速率主要受气象条件的影响。土壤蒸发的第二阶段为蒸发速度显著下降阶段（falling-rate stage）。当土壤表面水分含量减小到临界含水量（田间持水量）以下时，蒸发速度随着表层土壤含水量的变小而变小。土壤中毛管连续状态将逐步遭到破坏，通过毛管输送到土壤表面的水分也因此而不断减少。在这种情况下，由于土壤含水量不断减小，供给土壤蒸发的水分也会越来越少，以致土壤蒸发将随着土壤含水量的减小而减小，这一阶段要持续到土壤含水量减至毛管断裂含水量为止。第二阶段的蒸发速度主要与含水量有关，而气象因素对它的影响逐渐减小。土壤蒸发的第三阶段是微弱蒸发阶段（low-rate stage）。由于沿土壤内毛细管上升的水分不能达到土壤的表层，因此，在地面形成一个干土壤层，蒸发过程发生在土壤的深层中。蒸发形成的水汽由于扩散作用通过干土壤层逸入空气中，土壤中的毛管水不再呈连续状态存于土壤中，依靠毛管作用向土壤表面输送水分的机制将遭到完全破坏。土壤水分只能以膜状水或气态水的形式向土壤表面移动。由于这种仅依靠分子扩散而进行水分输移的速度十分缓慢，数量也很小，故在土壤含水量小于毛管断裂含水量以后，土壤蒸发必然很小而且比较稳定。在这阶段内，气象因素对蒸发速率的影响微弱。

### 4.1.3.3 影响土壤蒸发的因素

与影响水面蒸发的因素相同，能量的可获得性（太阳辐射等）和水汽的扩散条件（空气湿度、风速等）也是影响土壤蒸发的关键因素，其影响机理也与水面蒸发相似。除此以外，另外一个影响土壤蒸发的关键因素是土壤的供水能力。影响土壤供水能力的因素有土壤含水量和影响有效水分运动的土壤孔隙性、地下水位的高低、毛管上升高度、地表干土层厚度等。土壤的孔隙性一般指孔隙的形状、大小和数量。土壤孔隙性是通过影响土壤水分存在形态和连续性来影响土壤蒸发的。土壤孔隙性与土壤质地、结构和层次均有密切关系。在层次性土壤中，土层交界处的孔隙状况明显低于均质土壤。孔隙状态不同也会影响毛管水的上升高度（图4-2）。

在地下水位较高的地区，地下水会通过毛管效应上升到地表，源源不断地供给蒸发。毛管上升高度（height of capillary rise，$h$）可以用下式计算。

$$h = 2\sigma \cos\alpha / r\rho g \tag{4-1}$$

式中，$\sigma$ 是水的表面张力（20℃时为 $7.28 \times 10^{-2}$ N/m）；$\alpha$ 是水面与毛管壁的接触角（度）；$r$ 是毛管半径（mm）；$\rho$ 是水的密度（20℃时为 998 kg/m$^3$）；$g$ 是重力加速度（m/s$^2$）。

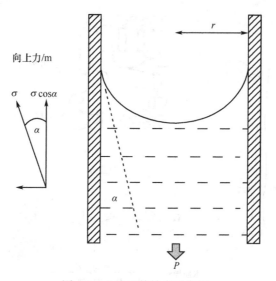

图 4-2　土壤毛管效应示意图

注：图中 $P$ 是向下的重力，$\alpha$ 是水面与毛管壁的接触角，$r$ 是毛管半径。

资料来源：引自 Jones（1992）

Figure 4-2　Schematic representation of the capillary effect of soil

Note：$P$ indicates gravity，$\alpha$ indicates the angle between water surface and

capillary wall，$r$ indicates the radius of capillary.

From：Jones（1992）

## 4.2　植物蒸腾

植物蒸腾指植物体中的水分以水蒸气状态散失到大气中的过程。通过植物表面（主要是通过叶片的气孔）汽化到大气中的那部分水分被定义为植物的蒸腾量。

### 4.2.1　蒸腾过程

植物蒸腾是陆地生态系统水分散失的主要途径，也是陆地蒸散的重要组成部分（Baldocchi and Vogel，1996）。如图 4-3 所示，植物根毛从土壤中吸取水分，经过位于根系的皮质部（cortex）和内皮部（endodermis）的水分通道，进入木质部（xylem）的导管（vessel）。进入导管后，水分移动的阻力较小，可以比较容易地从地下输送到地上叶片的叶肉细胞（mesophyll cells），进入表皮（epidermis）的气孔（stoma）。在气孔腔内，水分汽化，在气孔开放时扩散到大气之中。

| 35 |

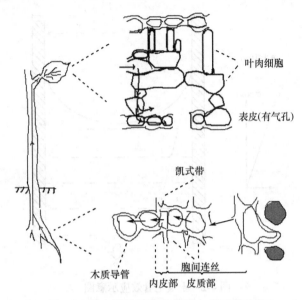

图 4-3　从土壤到植物叶片的水分运动通道

注：水分的输送可以通过相互平行的细胞壁（cell walls）或通过共质体（symplast）。

资料来源：引自 Jones（1992）

Figure 4-3　The transportation corridor of water from soil to leaves of plant

Note：the water could be transported through parallel cell wall or symplast.

From：Jones（1992）

　　进入植物体的水分，只有很小的一部分（小于 1%）留在植物体内参与植物的物质合成，99%以上的水分用于植物温度环境和生存环境的调节，从叶片逸散到空气中。因此，蒸腾可以直接影响植物的生物量（邱国玉，2008）。由于蒸腾是主要发生在植物茎叶上的一种现象，受到植物种类特别是气孔开闭的调节。因此，植物蒸腾比水面蒸发和土壤蒸发要复杂得多。蒸腾是植物水分吸收和运输的主要动力，有利于矿物和有机物的吸收和运输，降低植物体温，是植物热量调节和热代谢的主要方式。因为植物蒸腾过程与土壤环境、植物生理特征和大气环境之间存在密切关系，所以植物蒸腾是地球表层中能量循环和物质转化最为强烈的过程之一。

## 4.2.2　影响植物蒸腾的因素

　　除了能量的可获得性（太阳辐射等）、水汽的扩散条件（空气湿度、风速等）和土壤供水能力（土壤干湿状态）外，植物蒸腾还受到植物生理状态，尤其是气孔开闭的影响。以下因素对植物蒸腾影响明显。

### 4.2.2.1　温度

当气温在 1.5℃ 以下时,几乎所有的植物都会停止生长,蒸腾极小。当气温超过 1.5℃ 时,蒸腾速率随气温的升高而增大。土壤温度对植物的蒸腾有明显影响,土壤温度较高时,根系从土壤中吸收的水分增多,蒸腾加强,土壤温度较低时,这种作用减弱,蒸腾减小。

### 4.2.2.2　土壤含水量

土壤中能被植物吸收的水是重力水、毛管水和一部分膜状水。当土壤含水量大于一定值时,植物根系就可以从周围土壤中吸取尽可能多的水分以满足蒸腾需要。当土壤含水量减小时,植物蒸腾也随之减小,直至土壤含水量减小到凋萎系数时,植物就会因不能从土壤中吸取水分来维持正常生长而逐渐枯死,植物蒸腾也因此趋于零。

### 4.2.2.3　植物特性

在土壤水分有限的条件下,植物的特性就成为影响蒸腾的重要因素。例如,当上层土壤干燥,浅根树种得不到水而枯萎,深根树种则继续吸收较深层土壤水分继续蒸散。因此,深根植被在持续干旱期间比浅根植被要蒸腾更多的水分。另外,很多农作物和荒漠植被在中午辐射强烈时,会关闭气孔,以减少蒸腾。

# 4.3　蒸　散　发

在自然界中,地表通常都有植被的覆盖,这些地方蒸发和蒸腾同时发生,因此通常把两者统称为蒸散发。发生在一个流域或区域内的水面蒸发、土壤蒸发和植物蒸腾的总和称为流域蒸散发。一般而言,流域内水面占的比重不大,所以土壤蒸发和植被蒸腾是流域蒸散发的决定性部分。关于蒸散发,常用的几个概念有潜在蒸散发量(potential evapotranspiration),参考蒸散发量(reference evapotranspiration)和实际蒸散发量(actual evapotranspiration)。蒸散发的计量单位都以水深表示,单位为 mm,或用一定时段内的单位时间平均值表示,单位为 mm/d、mm/h 等。

潜在蒸散发量(potential evapotranspiration,$ET_p$)为水分供应不受限制时的蒸散发量。潜在蒸散发量受可获得的能量和水汽扩散条件的控制。因此,潜在蒸散发量有时也称为蒸散发能力,如自由水面的蒸发和水分充分供应的植被覆盖区域的蒸散发等。

参考蒸散发量(reference evapotranspiration,$ET_0$)为一种假想参考植物的蒸散

发速度,假想作物的高度为 0. 12m,固定的叶面阻力为 70s/m,反射率为 0. 23。非常类似于表面开阔、高度一致、生长旺盛、完全覆盖地面且不缺水的绿色草地蒸散量。

蒸散发是陆地生态系统中土壤-植被-大气系统中水分消耗的主要途径(邱国玉,2008),是水循环中最重要的水文过程之一(McCabe and Wood, 2006),也是联系植物气孔行为、碳交换和水分利用的关键生态过程(Yair and Raz-Yassif, 2004)。作为大气和土壤之间的"桥梁",蒸散发是唯一同时出现在水量平衡和能量平衡方程中的参数,是陆面过程数值模拟研究中不可缺少的重要边界条件(Pauwels and Samson, 2006)。同时,因为蒸散发对地表能量交换、水分循环起着重要支配作用,而能量与水分收支在很大程度上决定了气候的变化,进而引起地表环境的变化,所以蒸散发对全球气候变化的影响巨大。从能量平衡的角度来看,蒸散发产生的过程需要吸收大量的太阳能(可占地表吸收太阳能的46%~50%)(Kiehl and Trenberth, 1997; Trenberth et al., 2009),该过程中必定伴随着能量在土壤-植被-大气之间发生转移,引起区域或局地气候的变化。在水资源日趋匮乏的情况下,区域水资源管理迫切需要量化不同地域的蒸散发,以合理利用和分配水资源。蒸散发估算是农业、水文、气象、土壤等学科的重要研究内容,精确估测蒸散发对生态系统管理(Lecina et al., 2003)、精准农业生产(Bastuaanssen, 2000)、水资源规划、环境保护以及大气循环模式修正都有重要意义(Xu and Li, 2003)。已有蒸散发研究尺度正朝着个体—群落(田间)—景观和区域多尺度观测模拟的方向发展(赵文智等,2011)。

# 参 考 文 献

邱国玉. 2008. 陆地生态系统中的绿水资源及其评价方法. 地球科学进展, 23(7): 713-722.

赵文智,吉喜斌,刘鹄. 2011. 蒸散发观测研究进展及绿洲蒸散研究展望. 干旱区研究, 28(3): 463-470.

Baldocchi D D, Vogel C A. 1996. A comparative study of water vapor, energy and $CO_2$ flux densities above and below a temperate broadleaf and a boreal pine forest. Tree Physiol, 16: 5-16.

Bastuaanssen W G M. 2000. SEBAL-based sensible and latent fluxes in the irrigated Gediz Basin, Turkey. J Hydrol, 229: 87-100.

IPCC. 2007. Cliamte Change 2007. The physical science basis, summary for policymakers. Fourth Assessment Report, 8-12.

Jones H G. 1992. Plants and microclimate: a quantitative approach to environmental plant physiology. Second edition. New York: Cambridge University Press.

Kiehl J T, Trenberth K E. 1997. Earth's annual global mean energy budget. Bull. Amer. Meteor. Soc., 78: 197-208.

Lecina S, Martines-Cob A, Perez P J, et al. 2003. Fixed verus variable bulk canopy resistance for reference evapotranspiration estimation using the Penman-Montetith equation under semiarid conditions. Agr Water Manage, 60: 181-198.

McCabe M F, Wood E F. 2006. Scale influences on the remote estimaiton of evapotranspiration using multiple satellite sensors. Remote Sens Environ, 105: 271-285.

Pauwels V R N, Samson R. 2006. Comparison of different methods to measure and model actual evapotranspiration rates for a wet sloping grassland. Agr Water Manage, 82: 1-24.

Qiu G Y, Shi P J, Wang L M. 2006. Theoretical analysis of a soil evaporation transfer coefficient. Remote Sens Environ, 101: 390-398.

Trenberth K E, Fasullo J T, Kiehl J. 2009. Earth's Global Energy Budget. B the Am Meteorol Soc, 90: 311-323.

Xu Z X, Li J Y. 2003. A distributed approach for estimating catchment evaportranspiretion: comparison of the combination equation and the complementary relationship approaches. Hydrol Process, 17: 1509-1523.

Yair A, Raz-Yassif N. 2004. Hydrological processes in a small arid catchment: scale effects of rainfall and slope length. Geomorphology, 61: 155-169.

# 第5章 蒸发和蒸腾界面上的能量交换

Energy exchanges on the evaporation and transpiration surface

## 5.1 显 热

  显热是物体或热系统之间的热量交换,它唯一的结果是引起温度变化。地面与大气间,在单位时间内,沿铅直方向通过单位面积流过的热量称为显热通量(sensible heat flux),单位为 $W/m^2$ 或 $J/(cm^2 \cdot s)$。由于地面和大气间热量输送主要通过湍流(turbulence)扩散完成,故也称为地面与大气间湍流热交换。显热通量的变化主要取决于净辐射量以及下垫面的热力状况等因素,其日变化规律也基本与净辐射的日变化规律相一致。白天,在强烈日射下,地温高于气温,显热通量由地面传送给上面较冷的空气并促其增热;夜间,地面辐射冷却,气温高于地温,显热通量为负值,热量由空气传送给地面并促使空气冷却。在空气层之间热量传送,也总是由暖的流向冷的气层。因此,在近地层,空气的增热与冷却的主要方式是地面与大气间的湍流热交换。即日出后,随着太阳辐射的增强,近地层温度逐渐升高,湍流活动开始加强,显热输送量逐渐变大,至中午前后达到极值,而后随着太阳辐射的逐渐减弱,显热输送量又趋于变小,夜间出现了负值。在晴朗的白天,净辐射朝向地表,土壤热通量从地表向土壤深处传输,显热和潜热都是离开地表向上传输;夜间,净辐射为向上的长波辐射,土壤热通量从土壤层往地表传输,显热为向下的热通量,露和霜的形成也使潜热为向下的热通量。

  显热通量($H$)可用类似于分子热传导的公式来描述,即

$$H = -\rho C_P K_T \frac{\partial T}{\partial Z} \tag{5-1}$$

式中,$\rho$ 是空气的密度,标准状态下 $\rho = 0.00129 g/cm^3$;$C_P$ 为大气的定压比热容,$C_P = 1.0 \times 10^3 J/(kg \cdot \text{℃})$;$\frac{\partial T}{\partial Z}$ 为铅直空气温度梯度($\text{℃}/m$);$K_T$ 为乱流交换系数($m^2/s$)。

  定压比热容是指等压情况下,单位质量空气温度升高1℃所需要吸收的热量。水的定压比热容(specific heat of water)是 4182 $J/(kg \cdot K)$,即 1kg 的水温度升高1℃需要 4182 J 的能量,空气的定压比热容是 1005 $J/(kg \cdot K)$(在 20℃时)。$K_T$ 表示近地层湍流发展的强烈程度,它随高度的增加而增大。因为在近地

层，高度越高，下垫面对湍流减弱影响越小，有利于湍流混合的加强。$K_T$ 可理解为当温度梯度为 1℃ 时，单位时间、单位质量空气中所含热量，因湍流作用而沿铅直方向转移的数量。$K_T$ 的单位为 $cm^2/s$ 或者 $m^2/s$。

地表与大气之间的显热输送，有以下几个特点：①无论是陆面还是洋面，显热交换结果是由地表面向大气输送能量。在大陆上显热输送平均由高纬向低纬增加，干旱和潮湿地区差异很大，最大值出现在热带的沙漠地区。②显热输送强度随气候湿润程度的增加而减小。③我国年平均显热通量分布呈北高南低分布。塔里木盆地和内蒙古高原为高值区，这里干旱、少云、多日照。低值区出现在四川、贵州一带。

# 5.2 潜 热

潜热是物质或热系统在不改变温度的前提下吸收或释放的能量。最典型的例子是物质发生相变，如冰的融化和水的沸腾。物质由低能状态转变为高能状态时吸收潜热，反之则放出潜热。例如，液体沸腾时吸收的潜热一部分用来克服分子间的引力，另一部分用来在膨胀过程中反抗大气压强做功。熔解热、汽化热、升华热都是潜热。潜热的量值常用每单位质量的物质或用每摩尔物质在相变时所吸收或放出的热量来表示。水在 20℃ 时汽化的潜热是 2.454 MJ/kg，即 1 kg 的水汽化时需要 2.454 MJ 的能量。与其他常见的物质相比，水的比热容和潜热都非常大，对维护稳定的温度环境极其有利。

潜热通量（latent heat flux）是指地面和大气之间的潜热交换量，一般是由蒸发和蒸腾引起的，所以潜热通量等于蒸散发量。潜热通量的大小主要取决于净辐射、湍流交换条件和湿度的铅直梯度。根据气体扩散公式，潜热通量可表示为

$$LE = -\frac{\rho C_P}{\gamma} k_v \frac{\partial e}{\partial z} \tag{5-2}$$

式中，$\rho$ 为空气密度（$kg/m^3$）；$C_P$ 为空气定压比热容 [$MJ/(kg \cdot ℃)$]；$k_v$ 为潜热交换系数（$m^2/s$）；$\gamma$ 为湿度计常数（$kPa/℃$）；$\frac{\partial e}{\partial z}$ 为垂直空气湿度梯度（$kPa/m$）。

从区域尺度来看，潜热通量的地域分布有如下特点：①海陆差异：洋面和陆面的潜热通量相差很大。由于陆地受水分供给的限制，潜热通量比海洋小。②在充分湿润地区，潜热通量随净辐射自高纬向赤道增大而增大；在干旱地区，潜热通量随干旱程度的增加而减少。③大洋上潜热通量年总量的分布与洋面净辐射的分布基本相似，随纬度上升而下降。但是，暖流所经处使潜热明显加大，而冷洋流作用的地区，潜热输送偏低。

# 5.3  土壤热通量

土壤热通量指单位时间、单位面积的地表土壤与下层土壤之间传导的热量，单位为 $W/m^2$、$J/(cm^2 \cdot s)$ 或 $kW/m^2$。通常，土壤热通量的大小与热流方向的温度梯度及土壤热导率成正比，可用下式表示为

$$G = \lambda \frac{\partial T}{\partial Z} = \rho ck \frac{\partial T}{\partial z} \tag{5-3}$$

式中，$\lambda$ 为土壤热导率 $[J/(m \cdot s \cdot ℃)]$；$\rho$ 为空气密度（$kg/m^3$）；$c$ 为土壤比热容 $[mJ/(kg \cdot ℃)]$；$k$ 为土壤温导率（$m^2/s$）；$\frac{\partial T}{\partial z}$ 为垂直方向的土壤温度梯度（$℃/m$）。

白天，土壤表面在吸收辐射后，一部分能量用于潜热，一部分用于显热（与大气湍流热交换），只有一部分作为土壤热通量，向深层土壤传输热量。夜间，地表由于辐射冷却，大气中的潜热和显热向地表输送，土壤中的热量也从土中向土表传播。

# 第6章 水分收支与水量平衡

## Water budget and water balance

水分收支包括水分收入（inflows）、支出（outflows）和蓄水（storage）三部分，可以用下面的水分收支公式简单表示。

$$输入项 = 输出项 \pm 储存项 \tag{6-1}$$

式中，输入项为给水系统的不同部分输入的水量；输出项为带出水系统的水量；储存项为滞留在水系统中的水量。

## 6.1 水量平衡原理

根据物质不灭定律，在水分循环过程中，任何一个地区（或任一水体）在给定的时间段内，输入的水量与输出的水量之差等于蓄水量的变化量。水量平衡的对象可以是全球、区域、流域或某单元的水体（如河段、湖泊、沼泽、海洋等）。研究的时段可以是分、小时、日、月、年或者更长的时间尺度。

水量平衡是水循环和水资源转化过程中的基本规律，就某个地区在某一段时期内的水量平衡来说，水分收入和支出差额等于该地区的储水量的变化量。因此，水量平衡的一般公式为

$$P + I = ET + RO + \Delta G' + \Delta W + L \tag{6-2}$$

式中，$P$ 为降水量；$I$ 为灌溉水量；ET 为蒸散发量；RO 为表面径流量；$\Delta G'$ 为地下水储量的变化；$\Delta W$ 为土壤含水量的变化；$L$ 为渗入或渗出的水分量。各变量单位均为 mm。

## 6.2 全球的水分收支与水量平衡

如果研究对象是地球上的全部海洋，则其一年内的水量平衡方程为

$$P_{洋} + R - ET_{洋} = \Delta W_S \tag{6-3}$$

式中，$P_{洋}$ 为海洋上的降水量；$R$ 为大陆流入海洋的径流量；$ET_{洋}$ 为海洋上的蒸散发量；$\Delta W_S$ 海洋蓄水量的变化量。各变量单位均为 mm。对于多年平均情况而言，$\Delta W_S$ 接近于 0，故海洋多年的水量平衡方程为

$$\overline{ET_{洋}} = \overline{P_{洋}} + \overline{R} \tag{6-4}$$

式中，$\overline{ET_{洋}}$ 为海洋上多年平均蒸散发量；$\overline{P_{洋}}$ 为海洋上多年平均降水量；$\overline{R}$ 为大

陆多年平均流入海洋的径流量。各变量单位均为mm。

根据以上原理，同样可得到陆地多年平均情况下的水量平衡方程式为

$$\overline{ET}_{陆} = \overline{P}_{陆} - \overline{R} \tag{6-5}$$

式中，$\overline{ET}_{陆}$为大陆多年平均蒸散发量；$\overline{P}_{陆}$为大陆多年平均降水量；$\overline{R}$为大陆多年平均流入海洋的径流量。各变量单位均为 mm。对于大陆的内陆河流域而言，$\overline{R} = 0$，$\overline{ET} = \overline{P}$，即多年平均降水量$\overline{P}$等于多年的平均蒸散发量$\overline{ET}$。

将上面两式相加即得全球水量平衡方程为

$$\overline{ET}_{洋} + \overline{ET}_{陆} = \overline{P}_{洋} + \overline{P}_{陆} \tag{6-6}$$

$$即 \quad \overline{ET} = \overline{P} \tag{6-7}$$

式中，$\overline{ET}$为全球多年平均蒸散发量；$\overline{P}$为全球多年平均降水量。单位均为 mm。

从全球水分循环角度看，在太阳辐射的作用下，海水蒸发为水汽进入大气，在一定的条件下，以降水的形式返回地球表面，一部分降入海洋，一部分降落到陆地，或者聚集在低洼地面，或者渗入地下形成地下径流，最终汇入海洋，或者存储于土壤，供植被吸收，但最后都以蒸发或蒸腾的形式返回大气（图6-1）。

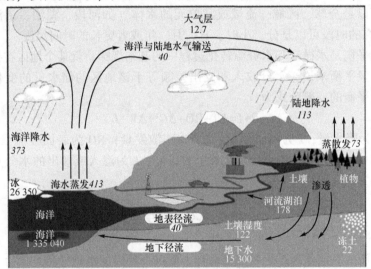

图 6-1　全球水分循环与水量平衡示意图

注：其中斜体部分指年尺度的水循环量（$10^3 \mathrm{km}^3/\mathrm{a}$）；非斜体部分为水的储量（$10^3 \mathrm{km}^3$）。

资料来源：引自 Trenberth 等（2007）

Figure 6-1　Schematic representation of the hydrological cycle all over the world

Note：The slant font indicates the hydrological cycle in year time scale（$10^3 \mathrm{km}^3/\mathrm{a}$），the plain font indicates water storage（$10^3 \mathrm{km}^3$）．

From：Trenberth et al.（2007）

如图 6-2 所示，地球上水的储量和年水分通量都相当巨大。地球上总储水量为 $1.3 \times 10^9 \mathrm{km}^3$，占全球水量的 0.038%。这一部分水量不大，但是对于生物圈极其重要。

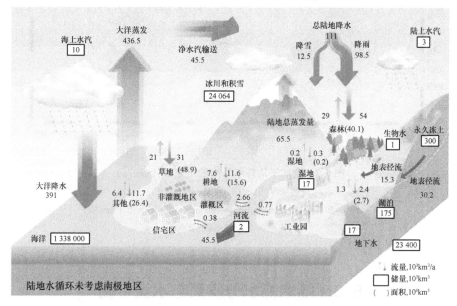

图 6-2　全球及其主要地被类型的水分储量和年水分通量

注：方框内的数字是水的储量 $(10^3 \mathrm{km}^3)$。箭头旁边的数字是水分通量 $(10^3 \mathrm{km}^3/a)$。

资料来源：引自 Oki 和 Kanae（2006）

Figure 6-2　The global water storage and hydrological fluxes

Note：The data in block indicates water storage$(10^3 \mathrm{km}^3)$，the data close to the vertical arrows indicates water flux$(10^3 \mathrm{km}^3/a)$.

From：Oki and Kanae（2006）

一方面，淡水资源在地球上总量不大，比较稀缺。另一方面，淡水资源在地球上的分布也不均匀。其中最主要的表现是降水的不均匀。全球 2/3 的降水量降落在 30°N 和 30°S 范围内，因为这些地区太阳辐射量和蒸发量更大。海洋每天蒸发量从赤道的 0.4 cm 变化到极地地区小于 0.1 cm。由于降水量的差异，地球上的径流量差异也很大。如图 6-3 所示，低纬度地区的径流较大。热带雨林中大约一半的降水变成了径流。沙漠中由于高蒸发需求和低降水量，径流量很低。例如，亚马孙河承载了全球 15% 返回海洋的水量。相反，科罗拉多河排出水量仅为亚马孙河的 1/10。在大陆范围内这种变化趋势也很相似。澳大利亚平均径流量仅为 4cm/a，是北美的 1/8。这些结果均表明全球范围内可获得的水量变化很大（Jackson et al.，2001）。

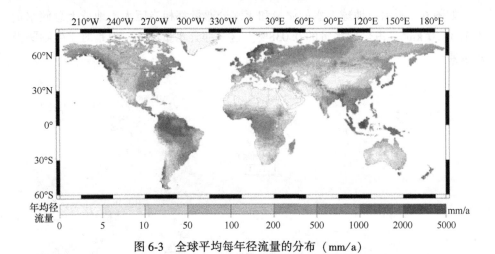

图 6-3 全球平均每年径流量的分布 （mm/a）

资料来源：引自 Oki 和 Kanae （2006）

Figure 6-3 Global distribution of mean annual runoff （mm/a）

From：Oki and Kanae （2006）

# 6.3 陆地的水分收支与水量平衡

一般陆地生态系统的水文过程包括降水、植被的截留、土壤表面的吸收和截留、土壤表层的渗透和蒸发、经土壤层向地下水的输出、植物的蒸腾、水汽向系统外部的输出以及径流等过程。水量平衡法是计算陆面蒸散发的最基本方法之一。在一个闭合流域内，如不考虑相邻区域的水量调入与调出，其水量平衡方程可以写为

$$ET = P - R \pm \Delta W \tag{6-8}$$

式中，ET 为陆面蒸散发量；$P$ 为降水量；$R$ 为径流量；$\Delta W$ 为蓄水变量。各变量单位均为 mm。对于多年平均的情况而言，$\Delta W = 0$，则式 （6-8） 可以简化为

$$ET = P - R \tag{6-9}$$

因此，只要知道多年平均降水量和径流量，就可以求得多年平均陆面蒸发量。由于降水量和径流量都可以实测，所以水量平衡法是计算区域多年平均陆面蒸发量较为可靠的方法。

根据研究对象的具体情况，陆地水分收支方程式可以有不同的写法。例如，在强调系统内部储水量变化时，可以表示为

$$\Delta S = P - ET - Q \tag{6-10}$$

式中，$\Delta S$ 为储存量的变化；$P$ 为降水量；ET 为蒸散发量；$Q$ 为系统向外部

的排水量。各变量单位均为 mm。（Sahoo et al.，2011）。如果要强调蒸散发量时，平衡方程式可以写为

$$ET = P - R - TWSC \tag{6-11}$$

式中，ET 为蒸散发；$P$ 为降水量；$R$ 为地表径流量；TWSC 为陆地水储存量的变化（Zeng et al.，2012）。

图 6-4 是模拟陆地生态系统水分收支时所需的变量和参数分解。水分的收入项是降雨（rain）和降雪（snow）。降水遇到树冠层时被截留（interception），被树冠截留的水分分为 3 部分：①以雨滴（drop）的形式落到地面；②通过枝叶汇集到树干，以树干流（stem flow）的形式流到地面；③留到枝叶上，以蒸发的形式返回大气。没有被树冠截留的那部分降水穿过树冠直接到达（through-fall）地面。到达地面的水分一部分以地表径流（surface runoff）的形式流出；另一部分通过土壤下渗（percolation）往深层土壤。入渗到土壤的水分又分为 3 部分：①以地下径流（subsurface runoff）的形式流出；②以土壤蒸发（evaporation）的形式返回大气；③被植物的根系吸收，顺送到树冠后以植物蒸腾（transpiration）的形式返回大气。植物根系吸收的水分只有不到 1% 参与光合作用，其余部分均被蒸腾。

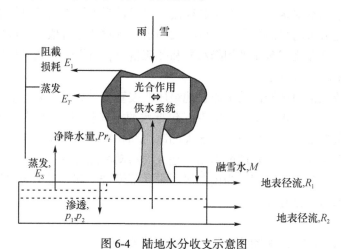

图 6-4　陆地水分收支示意图

资料来源：引自 Gerten 等（2004）

Figure 6-4　Schematic representation of the terrestrial water budget

From：Gerten et al.（2004）

不同陆地生态系统由于其水分收入项与支出项的特征各自不同，水分平衡方程各有特色。这里，我们以流域和农田生态系统为例，说明陆地生态系统的水分收支特征。

### 6.3.1 流域的水分收支与水量平衡

对于一个天然流域，计算时段内的水量平衡方程式为

$$P+W_入 = R+\text{ET}+M_出+\Delta W \tag{6-12}$$

式中，$P$ 为降水量；$W_入$ 为从外流域流入本流域的水量；$R$ 为径流量；ET 为蒸散发量；$W_出$ 为从本流域流入外流域的水量；$\Delta W$ 为流域地面及地下储水量的变化量，增为正。各变量单位均为 mm。

对于无跨流域调水的闭合流域（地面分水线与地下分水线一致），$W_入$ 与 $W_出$ 均为 0。因此，一般常用的流域年内水量平衡方程为

$$P = R+\text{ET}+\Delta W \tag{6-13}$$

对于长期而言，$\Delta W$ 各年有正有负，其多年平均值一般为零。因此，闭合流域多年的水量平衡方程为

$$P = R+\text{ET} \tag{6-14}$$

上式表明，对于闭合流域，多年平均降水量（$P$）等于多年平均径流量（$R$）与多年平均蒸散发量（ET）之和。由此可见，降水、蒸散发和径流是水量平衡中的三个基本要素。由于降水和径流可以通过观测取得比较可靠的数据，而流域蒸散发是流域内水面蒸发、土壤蒸发和植物蒸腾的综合值，一般难以直接观测。所以，当已知流域多年平均降水量和径流量时，可以通过式（6-14）来反推流域多年的平均蒸散发量。

内陆河流域由山区和山前平原盆地组成。按垂直景观带划分，前者基本上可划分为高山冰雪冻土带和山区植被带（包括水源涵养林带），其水量平衡特征为降水量大于蒸散发量，这里孕育着庞大的冰川和积雪固体水库，还有冻土和水源涵养林也起着重要的山区水库的作用，是人类活动和经济发展赖以生存的水资源形成区。而后者基本上可划分为山前绿洲带和荒漠带，其水量平衡特征则是蒸散发量大于降水量，是径流散失区。

### 6.3.2 农田生态系统的水分收支与水量平衡

土壤水分是影响农业产量的主要因素。对于农田生态系统，土壤水分的主要影响因素是灌溉、降水和蒸散发。降水量取决于天气因素，同时天气因素也会很大程度的影响蒸散发。种植系统中土壤水分丧失的最大组分是蒸散发。

农田生态系统的土壤可划分为两层（图6-5），上层是活跃根系区（active root zone），范围是活跃根层的底部以及根可以生长到的区域。上层水分平衡的输入项有降水和灌溉，输出项则是径流、蒸散发和下渗（percolation）。下层的输入和输出项分

别是来自上层的下渗和往下的深层渗漏（deep percolation）。对于大多数地下水位较深的农田，地下水通过毛管上升的作用可以忽略不计（Gassmann et al.，2011）。

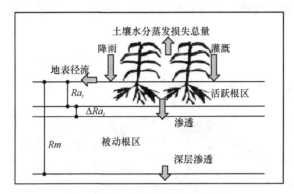

图 6-5　农田生态系统的水分收支

资料来源：引自 Gassmann 等（2011）

Figure 6-5　Schematic representation of the water budget in farm ecosystem

From：Gassmann et al.（2011）

## 6.4　城市的水分收支与水量平衡

城市地区水分收支过程受土地覆盖变化和人为活动的影响十分深刻。相比于自然植被区域，城市地区土地覆盖的变化会导致表面径流的增加和蒸散发量的减少。这些变化意味着更多的洪水和人类生活舒适度的下降。尽管城市地区十分重要且将近一半的世界人口生活在城市，这一地区的水分收支却很少被研究。开展对城市水分收支与水量平衡的研究，有利于保障城市水资源的供应并能有效预防洪水等，对于宜居城市的建设十分重要。

城市地区的水分收支方程为

$$P+I_e+F=E+R+\Delta S \tag{6-15}$$

式中，$P$ 为降水量；$I_e$ 为外部引水；$F$ 为人类活动释放水（如空调等）；$E$ 为蒸散发；$R$ 为径流。各变量单位均为 mm。$\Delta S$ 为水储存量的净变化（如土壤湿度变化，滞留池），常用的单位为 mm/h（Järvi et al.，2011）。其中，外部引水及人类活动释放水是区别于其他生态系统的重要因素，城市地区的 $\Delta S$ 对应的水储存单元还包括人工池等。

如图 6-6 所示，城市水文过程涉及自然和人工两大类地表类型。其中自然地表类型包括裸露土壤（bare）、植被间的土壤（nat）、自然植被（vegn）；人工地表类型包括建筑屋顶（roof）、铺装非透水路面（pav）、路面上的植被（vega，如道边的树木）、铺装的透水地面（cova）和水面（water）。图中根系层中的含水量影响到植被蒸腾，深层土层则作为干旱阶段向根系层供水的单元。植被、屋顶以及路面的截流作用较强。屋顶看作为完全不透水，路面被看作半透水且水只会向下入渗。

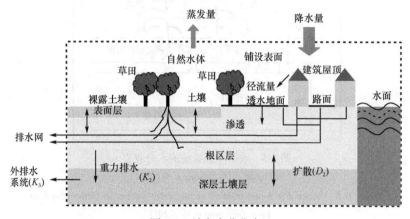

图 6-6　城市水分收支
资料来源：引自 Dupont 等（2006）

Figure 6-6　Schematic representation of the water budget in city
From：Dupont et al.（2006）

　　在这种复杂的地表系统下，城市的水分收支要比自然生态系统复杂很多。首先，城市排水系统收集了很大一部分城市地表的水，而河道的功能被大大削弱。其次，由于城市地表渗透性差，降水主要以地表径流的形式流失。例如，人行道下渗的降水只占总降水量的 20%~30%。最后，蒸散发量大大减少，导致城市热岛效应出现，温度升高、湿度下降。

　　到目前为止，我们已经从定性的角度对城市水分收支和水量平衡有了比较全面的认识，但是从定量的角度对水分收支的研究还比较少。主要原因是数据和资料很难获得。早期的研究主要通过获得的数据来评价水分收支，测定方法的精度并不高（Aston，1977；Bell，1972；Campbell，1982；Lindh，1978）。例如，L'vovich 和 Chernogayeva（1977）利用余项法研究了城市的蒸散发量，该研究是城市水文的早期研究之一。后来，许多模型被用来评价城市径流，由于基础数据的准确性问题，尽管这些模型的功能都十分强大，但是它们都没有能有效地解释城市水分收支中的诸多问题（Berthier et al.，2004）。之后功能更为强大的分布式水文模型被修正后应用于城市地区，用于径流的评估等。但是，基础数据的可靠性问题一直未能有效地解决。

# 参 考 文 献

Aston A. 1977. Water resources and consumption in Hong Kong. Urban Ecol, 2: 327-353.

Bell F C. 1972. The acquisition, consumption and elimination of water by Sydney urban system. ProcEcolSocAust, 7: 160-176.

Berthier E, Andrieu H, Creutin J D. 2004. The role of soil in the generation of urban runoff: Development and evaluation of a 2D model. J Hydrol, 299: 252-266.

Campbell T. 1982. La Ciudad de Mexico comoecosistema. CienciasUrbanas, 1: 28-35.

Dupont S, Mestayer P G, Guilloteau E. 2006. Parameterization of the urban water budget with the submesoscale soil model. J Appl Meteorol Clim, 45: 624-648.

Gerten D, Schaphoff S, Haberlandt U, et al. 2004. Terrestrial vegetation and water balance-hydrological evaluation of a dynamic global vegetation model. J Hydrol, 286: 249-270.

Gassmann M, Gardiol J, Serio L. 2011. Performance evaluation of evapotranspiration estimations in a model of soil water balance. Meteorol Appl, 18: 211-222.

Jackson R B, Carpenter S R, Dahm C N, et al. 2001. Water in a changing world. Ecol Appl, 11: 1027-1045.

Järvi L, Grimmond C S B, Christen A, et al. 2011. The surface urban energy and water balance scheme (SUEWS): Evaluationin Los Angeles and Vancouver. J Hydrol, 411: 219-237.

Lindh G. 1976. Urban hydrological modeling and catchment research in Sweden "Lindh G. 1976. Urban hydrological modelling and catchment research in Sweden. ASCE Urban Water Resources Research Program Technical Memorandum No. IHP-7, ASCE, New York."

L'vovich M I, Chernogayeva G M. 1977. Transformation of the water balance within the city of Moscow. SovGeogr, 18: 302-312.

Oki T, Kanae S. 2006. Global hydrological cycles and world water resources. Science, 313: 1068-1072.

Sahoo A K, Pan M, Troy T J, et al. 2011. Reconciling the global terrestrial water budget using satellite remote sensing. Remote Sens Environ, 115: 1850-1865.

Trenberth K E, Smith L, Qian T, et al. 2007. Estimates of the global water budget and its annual cycle using observational and model data. J Hydrometeorol, 8: 758-769.

Zeng Z Z, Piao S L, Lin X, et al. 2012. Global evapotranspiration over the past three decades: estimation based on thewater balance equation combined withempirical models. Environ Res Lett, 7: 0140026.

# 第7章 | 能量收支与能量平衡
## Energy budget and energy balance

## 7.1 能量平衡原理及一般方程

如图 7-1 所示，太阳辐射是地球生态系统能量的源泉。太阳辐射在进入地球时，30%以短波辐射形式被大气和地表反射回太空，余下的约70%在地表与大气之间经过辐射、显热和潜热的相互复杂转化与循环，最终以长波辐射的形式再度辐射回太空。能量的收入和支出基本保持平衡。

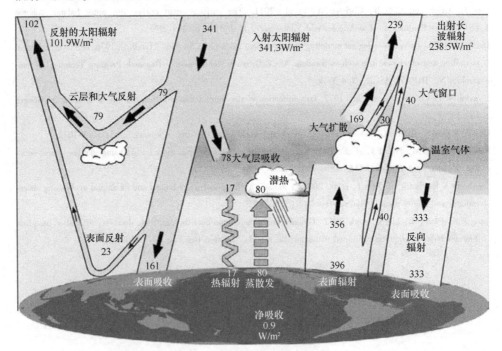

图 7-1 地球的能量收支示意图

注：数字代表 2000 年 3 月到 2004 年 5 月全球能量收支的年均值（W/m²），宽箭头表示的是能量流，箭头宽窄取决于能量流大小（Trenberth et al.，2009）。

Figure 7-1 Schematic representation of the global annual mean Earth's energy budget

Note: Data last from Mar 2000 to May 2004 period (W/m²). The broad arrows indicate the schematic flow of energy in proportion to their importance (Trenberth et al., 2009).

在地球生态系统的能量循环过程中，水分的三态转换和水分的输送起着至关重要的作用，大气传送的潜热（水汽）作为一条联系全球能量平衡的纽带，贯穿于整个水循环过程中。进入到地球表面的太阳能除了很少一部分供植物光合作用的需要外，约有一半消耗于海洋表面和陆地表面的蒸散发。由于地球围绕太阳公转的角度、地球海陆分布等原因，在不同纬度以及海洋和陆地之间，存在着太阳辐射的亏损和盈余。只有当能量从盈余的地区向亏空的地区输送后，才能达到全球的能量平衡。而这种能量输送，主要靠水循环过程来完成。地球规模的能量输送保持了全球的能量平衡和温和的温度环境，它使得辐射的亏空区不至于太冷，辐射的过剩区不至于太热，为生物提供了一种适宜的生存环境。

对于某一地区或生态系统来说，地表能量平衡一般方程可以写为

$$R_n + A_e = LE + H + G + P_0 + A_d \tag{7-1}$$

式中，$R_n$ 为净辐射（W/m²），其值为到达地面的总辐射（包括短波辐射和长波辐射）减去返回大气的辐射；$LE$ 为潜热通量（W/m²），其中 $E$ 是垂直方向上的水汽通量（蒸发量），$L$ 为水的汽化潜热系数（J/kg）；$H$ 为显热通量（W/m²），代表与大气的热量交换；$G$ 为地中热传导（W/m²），代表通过地表的能量传输；$P_0$ 为植物光合成的能量转换，所占比例往往很小，在很多场合可以忽略；$A_e$ 为人工热辐射量（燃料等消耗对地表产生的能量释放）；$A_d$ 为移流项（因空气或水的水平流动引起的能量净损失）。在不考虑水平方向能量输送和人类能量释放、忽略植物光合作用的情况下，地表能量平衡的一般方程可以表示为

$$R_n = H + LE + G \tag{7-2}$$

一般认为，$G$ 所占比例不超过 $R_n$ 的10%，但是由于 $G$ 昼夜变化大，在短时间尺度（日、月、季节）的陆地能量收支中作用较大。$H$ 和 $LE$ 对气候的影响很大。地表释放的显热提升空气温度，抬高边界层。潜热通量 $LE$ 就是土壤蒸发和植被的蒸腾。蒸发的水蒸气通过对流作用被抬升到较高的地方，在凝聚过程中将能量释放到高空，之后形成云并产生降水，这一过程对大气能量收支作用极其巨大。

## 7.2  全球能量收支与能量平衡

就一个平衡的气候系统而言，向外释放的长波辐射与吸收的太阳辐射平衡。如表7-1所示，是目前全球能量收支比较新，而且得到广泛认可的研究结果。入射的太阳辐射总量为341 W/m²，其中有79 W/m² 被云层和气溶胶反射和散射，有78 W/m² 被大气所吸收，剩下的直接透过大气到达地球表面后，有23 W/m² 被地表反射，有171 W/m² 被地面吸收。到达地球的太阳能可以储藏一段时间，也会以各种形式传输或转换，最终返回宇宙空间。其中，地面吸收的171 W/m² 能量

中，17 W/m² 以显热的形式散失（占吸收太阳能的 9.94%）；80 W/m² 以潜热的形式散失（占吸收太阳能的 49.69%）。八十多年来，有很多关于全球年均能量收支的研究。大量卫星观测数据以及地球辐射收支实验（earth radiation budget experiment）的结果表明，地球的反射率接近 30%，也有其他研究表明反射率是 33%。

Kiehl 和 Trenberth（1997）回顾和评价了全球气候系统的能量收支的研究结果，最近的研究进展主要体现在运用卫星数据进行全球网格化分析（Trenberth et al.，2001；Trenberth and Stepaniak，2003）。例如，Trenberth 等人全面地评估了大气能量收支以及不确定性（Trenberth et al.，2009）。

表 7-1 总结了最近关于全球能量收支计算的结果，行星反射率的值都设定在 30%。从表中可以看出，研究结果间的差异比较大。例如，净表面短波辐射通量从 154 W/m² 变化到 174 W/m²。净表面长波辐射值变化范围也达到了 21 W/m²，显热和潜热通量则有 10 W/m² 的变化范围（Kiehl and Trenberth，1997）。

**表 7-1　全球能量收支相关研究的汇总**（反射率 30%）

**Table 7-1　The summary of global energy budget-related research**（Reflectivity of 30%）

| 文献来源 | 地表 | | | | 大气层 | 大气层顶 |
|---|---|---|---|---|---|---|
| | 地表吸收的短波通量 | 地表向上发散的净长波辐射通量 | 地表显热通量 | 地表潜热通量 | 大气吸收的短波辐射 | 大气层之上的行星反射率 |
| NAS（1975） | 174 | 72 | 24 | 79 | 65 | 30 |
| Budyko（1982） | 157 | 52 | 17 | 88 | 81 | 30 |
| Paltridge 和 Platt（1976） | 174 | 68 | 27 | 79 | 65 | 30 |
| Hartmann（1994） | 171 | 72 | 17 | 82 | 68 | 30 |
| Ramanathan（1987） | 169 | 63 | 16 | 90 | 68 | 31 |
| Schneider（1987） | 154 | 55 | 17 | 82 | 86 | 30 |
| Liou（1992） | 151 | 51 | 21 | 79 | 89 | 30 |
| Peixoto 和 Oort（1992） | 171 | 68 | 21 | 82 | 68 | 30 |
| MacCraken（1985） | 157 | 51 | 24 | 82 | 79 | 31 |
| H-S 和 Robinson（1986） | 171 | 68 | 24 | 79 | 68 | 30 |
| Kiehl 和 Trenberth（1997） | 168 | 66 | 24 | 78 | 67 | 31 |
| Rossow 和 Zhang（1995） | 165 | 46 | — | — | 66 | 33 |
| Ohmura 和 Gilgen（1993） | 142 | 40 | — | — | — | — |

注：基于日射能量为 342W/m² 进行的计算（Kiehl and Trenberth，1997）。

Note：The calculation is based on isolation of 342 W/m²（Kiehl and Trenberth. 1997）.

全球能量的收支中，有明显的从低纬度地区向高纬度地区的能量输送过程。这是因为南北两半球纬度30°之间的辐射过剩，中高纬地区辐射不足。低纬地区的辐射过剩与中高纬地区的辐射不足将使赤道与极地间的梯度加大，产生从低纬向高纬进行能量水平输送的能量流。其中，在南北纬30°~40°的能量输送最大，这是因为从低纬度向高纬度输送的所有能量都必须经过这里。因此，在中纬度地区平均风速最大，易出现剧烈的天气系统。低纬向高纬总能量输送包括潜热输送、海洋输送和大气显热输送。

南半球和北半球的能量输送特征有所不同。通过中纬度和热带地区的潜热输送，南半球比北半球大。但是，通过热带和副热带的海洋输送，北半球比南半球大得多。另外，由于南半球的大气环流比北半球更为强大，使得通过热带的大气显热输送在南半球远大于北半球。由大型涡旋通过中纬度的大气显热输送，则在南半球较弱。

## 7.3 城市的能量收支与能量平衡

与自然生态系统相比，城市地区的能量收支过程由于土地覆盖变化以及人为活动的影响发生了深刻的变化。相比于自然植被区域，城市地区最明显的变化是：①土地覆盖的变化和人工热源的增加，导致城市边界层的显热明显增加。②植被和土壤的减少，导致城市地区的潜热明显减少。

城市能量收支方程（Järvi et al.，2011）可以表示为

$$R_n + Q_F = LE + H + G \tag{7-3}$$

式中，$R_n$ 为净辐射；$Q_F$ 为人为释放热量；$LE$ 为潜热；$H$ 为显热；$G$ 为净储存热通量（包括土壤热通量和城市建筑物加热或冷却的能量）。各变量单位均为 $W/m^2$。

人为释放热量是城市能量收支方程中特有的一项，而净储存热通量还包括城市建筑物加热或冷却的热量。人为释放热量可以包括以下几种：①人类新陈代谢产生的热量。需要注意的是一天中不同的阶段新陈代谢速率不一。根据 Fanger（1972）和 Guyton（1986）的数据，体重70kg的人睡眠时的新陈代谢速率大约是75W。然而白天，随着活动强度增大，新陈代谢速率增加。②产业活动产生的热量。产业活动产生的能量可以从用电量或政府能量部门获得数据，大部分产业生产中消耗的能量被转换成了显热。③建筑物产生的能量。建筑物中使用的能量可以大致分为照明负载、电器负载、通风及空调负载，其中照明负载可以占到建筑总电量的 20%~30%。

Masson（2000）研究了城市能量收支，结果如图7-2所示。这一能量收支过程经过建筑物释放/储存的修正。在不同季节，随着太阳辐射量的变化，白天的显热能量随之变化。晚间的特色也非常明显，由于晚上空气温度比起建筑物内部

低很多，因而建筑物对外的热量释放比地面长波辐射冷却更大，因而导致晚上有明显的向上的显热通量，这一现象在大陆气候下更为严重。

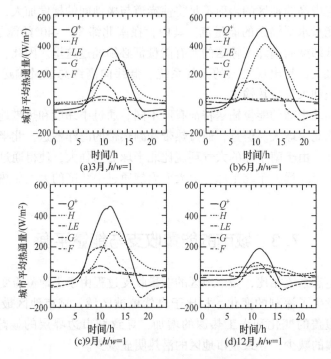

图 7-2　城市地区的月均能量收支

注：$Q^*$ 为净辐射，$F$ 为人为能量排放，$H$ 为显热通量，$LE$ 为潜热通量，
$G$ 为地表热通量（负值表示建筑内部的加热作用）。$h/w$ 为城市街谷高宽比，
即建筑物高度（$h$）与街谷宽度（$w$）之比。

资料来源：Masson（2000）

Figure 7-2　Monthly averaged energy budget in city

Note：sources are：Net radiation（$Q^*$）；Anthropogenic combustion sources（$F$）；

Sinks are：Sensible heat flux（$H$），latent heat flux（$LE$），ground fluxes（$G$）.

Negative ground flux represents heating by the building's interior. $h/w$ is canyon

aspect ratio，where $h$ is the building height and $w$ is the canyon width.

From：Masson（2000）

# 7.4　生态系统的能量收支与能量平衡

生态系统的能量平衡方程可以表示为（Baldocchi et al.，2001）

$$R_n = LE + H + G + S + Q \tag{7-4}$$

式中，$R_n$ 为净辐射；$LE$ 为潜热；$H$ 为显热；$G$ 为土壤热通量；$S$ 为植被冠层热储存量；$Q$ 为其他附加能源项的总和。各变量单位均为 $W/m^2$。

图 7-3 为长白山混交林 2003 年 9 月 11 日至 17 日的净辐射 $R_n$、显热 $H$、潜热 $LE$、土壤热通量 $G$ 以及冠层热储量 $S$ 的昼夜及季节变化。

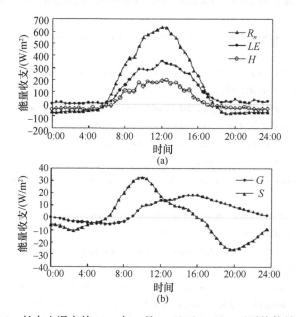

图 7-3　长白山混交林 2003 年 8 月 11 日至 17 日 7 天平均能量收支

注：$R_n$ 为净辐射、$H$ 为显热、$LE$ 为潜热、$G$ 为土壤热通量、$S$ 为冠层热储量。

资料来源：Wu 等（2007）

Figure 7-3　The 7-day average diurnal courses of net radiation($R_n$)

Note：sensible heat($H$)，latent heat($LE$)，soil heat fluxes($G$) and canopy heat storage($S$) for the mixed forest at the Changbaishan site，11-17 August 2003.

From：Wu et al.（2007）

从图 7-3 中，我们可以看出典型自然生态系统的能量收支状态。净辐射在白天可以达到 $600W/m^2$、在晚上可到 $-100W/m^2$。潜热通量在白天可达净辐射的 50%，晚上基本为零。显热通量在白天可以达到净辐射的 25%，晚上约为 $-50W/m^2$。森林生态系统的土壤热通量一般很小，维持在 $\pm10W/m^2$ 以内，白天为正，晚上为负。相比之下，森林冠层热储量维持在 $\pm30W/m^2$ 以内，白天为正，晚上为负。

# 参 考 文 献

邱国玉．2008. 陆地生态系统中的绿水资源及其评价方法．地球科学进展，23（7）：713-722.

赵文智，吉喜斌，刘鹄．2011. 蒸散发观测研究进展及绿洲蒸散研究展望．干旱区研究，28（3）：463-470.

Aston A. 1977. Water resources and consumption in Hong Kong. Urban Ecol，2：327-353.

Baldocchi D D, Vogel C A. 1996. A comparative study of water vapor, energy and $CO_2$ flux densities above and below a temperate broadleaf and a boreal pine forest. Tree Physiol, 16: 5-16.

Baldocchi D, Falge E, Gu L, et al. 2001. FLUXNET: A new tool to study the temporal and spatial variability of ecosystem-scale carbon dioxide, water vapor and energy flux densities. Bull Amer Meteor Soc, 82: 2415-2434.

Bastuaanssen W G M. 2000. SEBAL-based sensible and latent fluxes in the irrigated Gediz Basin, Turkey. J Hydrol, 229: 87-100.

Bell F C. 1972. The acquisition, consumption and elimination of water by Sydney urban system. Proc. Ecol. Soc., 160-176.

Berthier E, Andrieu H, Creutin J D. 2004. The role of soil in the generation of urban runoff: Development and evaluation of a 2D model. J Hydrol, 299: 252-266.

Budyko M I. 1982. The Earth's Climate: Past and Future. New York: Academic Press.

Campbell T. 1982. La Ciudad de Mexico comoecosistema. CienciasUrbanas, 1: 28-35.

Dupont S, Mestayer P G, Guilloteau E. 2006. Parameterization of the urban water budget with the submesoscale soil model. J Appl Meteorol Clim, 45: 624-648.

Fanger P O. 1972. Thermal Comfort: Analysis and Applications in Environmental Engineering. New York: McGraw-Hill, 244.

Gerten D, Schaphoff S, Haberlandt U, et al. 2004. Terrestrial vegetation and water balance-hydrological evaluation of a dynamic global vegetation model. J Hydrol, 286: 249-270.

Gassmann M, Gardiol J, Serio L. 2011. Performance evaluation of evapotranspiration estimations in a model of soil water balance. Meteorol Appl, 18: 211-222.

Guyton A C. 1986. Textbook of medical physiology. Philadelphia: W. B. Saunders Company, 1057.

Hartmann D L. 1994. Global Physical Climatology. New York: Academic Press, 411.

Henderson-Sellers A, Robinson P J. 1986. Contemporary Climatology. John Willey & Sons, 439.

IPCC. 2007. Cliamte Change 2007. The physical science basis, summary for policymakers. Fourth Assessment Report, 8-12.

Jackson R B, Carpenter S R, Dahm C N, et al. 2001. Water in a changing world. Ecol Appl, 11: 1027-1045.

Järvi L, Grimmond C S B, Christen A, et al. 2011. The surface urban energy and water balance scheme (SUEWS): Evaluationin Los Angeles and Vancouver. J Hydrol, 411: 219-237.

Jones H G. 1992. Plants and microclimate: a quantitative approach to environmental plant physiology. Second edition. Cambridge University Press.

Kiehl J T, Trenberth K E. 1997. Earth's annual global mean energy budget. Bull. Amer. Meteor. Soc., 78: 197-208.

Lecina S, Martines-Cob A, Perez P J, et al. 2003. Fixed verus variable bulk canopy resistance for reference evapotranspiration estimation using the Penman-Montetith equation under semiarid conditions. Agr Water Manage, 60: 181-198.

Lindh G. 1976. Urban hydrological modelling and catchment research in Sweden. "Lindh G. 1776. Urban hydrological modelling and catchment research in Sweden. ASCE Urban Water Resources Research Program Technical Memorandum No. IHP-7, ASCE, New York."

Liou K N. 1992. Radiation and Cloud Processes in the Atmosphere: Theory, Observation and Modeling. New York: Oxford University Press.

L'vovich M I, Chernogayeva G M. 1977. Transformation of the water balance within the city of Moscow. SovGeogr, 18: 302-312.

MacCraken M C. 1985. Carbon dioxide and climate change: Background and overview. Projecting the Climatic Effects of Increasing Carbon Dioxide. In: MacCracken M C and Luther F M. Department of Energy, 1-23.

Masson V. 2000. A physically-based scheme for the urban energy budget in atmospheric models. Bound-Lay Meteorol, 94: 357-397.

McCabe M F, Wood E F. 2006. Scale influences on the remote estimaiton of evapotranspiration using multiple satellite sensors. Remote Sens Environ, 105: 271-285.

National Academy of Science. 1975. Understanding Climate Change: A Program for Action. Washington: National Academy Press: 239.

National Research Council. 1994. Solar influences on global change. Washington: National Academy Press, 162.

Ohmura A, Gilgen H. 1993. Re-evaluation of the global energy balance. Interactions between the Global Climate Subsystems: The Legacy of Hann, Geophys. Monogr. , No. 75, Int. Union Geodesy and Geophys. , 93-110.

Oki T, Kanae S. 2006. Global hydrological cycles and world water resources. Science, 313: 1068-1072.

Paltridge G W, Platt C M R. 1976. Radiative Processes in Meteorology and Climatology. Elsevier, 318.

Pauwels V R N, Samson R. 2006. Comparison of different methods to measure and model actual evapotranspiration rates for a wet sloping grassland. Agr Water Manage, 82: 1-24.

Peixoto J P, Oort A H. 1992. Physics of Climate. American Institute of Physics, 520.

Qiu G Y, Shi P J, Wang L M. 2006. Theoretical analysis of a soil evaporation transfer coefficient. Remote Sens Environ, 101: 390-398.

Ramanathan V. 1987. The role of earth radiation budget studies in climate and general circulation research. J Geophys Res, 92: 4075-4095.

Rossow W B, Zhang Y C. 1995. Calculation of sureface and top of the atmosphere radiative fluxes from physical quantities based on ISCCP data sets 2. Validation and first results. J. Geophys. Res. , 100: 1167-1197.

Sahoo A K, Pan M, Troy T J, et al. 2011. Reconciling the global terrestrial water budget using satellite remote sensing. Remote Sens Environ, 115: 1850-1865.

Schneider S H. 1987. Climate Modeling. Sci. Amer. , 256: 72-80.

Trenberth K E, Stepaniak D P, Hurrell J W, et al. 2001. Quality of reanalyses in the Tropics. J Climate, 14: 1499-1510.

Trenberth K E, Stepaniak D P. 2003. Covariability of components of poleward atmospheric energy transports on seasonal and interannual timescales. J Climate, 16: 3691-3705.

Trenberth K E, Smith L, Qian T, et al. 2007. Estimates of the global water budget and its annual cycle using observational and model data. J Hydrometeorol, 8: 758-769.

Trenberth K E, Fasullo J T, Kiehl J. 2009. Earth's Global Energy Budget. B the Am Meteorol Soc, 90: 311-323.

Wu J B, Guan D X, Han S J, et al. 2007. Energy budget xabove a temperate mixed forest innortheastern China. Hydrol Process, 21: 2425-2434.

Xu Z X, Li J Y. 2003. A distributed approach for estimating catchment evaportranspiretion: comparison of the combination equation and the complementary relationship approaches. Hydrol Process, 17: 1509-1523.

Yair A, Raz-Yassif N. 2004. Hydrological processes in a small arid catchment: scale effects of rainfall and slope length. Geomorphology, 61: 155-169.

Zeng Z Z, Piao S L, Lin X, et al. 2012. Global evapotranspiration over the past three decades: estimation based on thewater balance equation combined withempirical models. Environ Res Lett, 7: 0140026.

# 第三篇 蒸散发观测方法、原理及其应用

# Evapotranspiration：measuring，theory and application

蒸散发主要包括植物蒸腾、土壤蒸发和自由水面蒸发。蒸散发作为地球水分及能量循环中的主要环节，连接着大气水与地表水。因此，对蒸散发进行长期观测，并掌握其规律，有助于加深对水分循环和能量平衡的认知。特别是在气候变暖的背景下，科学把握水分循环规律对未来气候变化的适应尤为重要。此外，植物蒸腾与土壤蒸发的水文物理过程截然不同。Dawson 等（2002）指出，在植被覆盖区域，蒸散发主要来自于植被蒸腾（约占总蒸散发的70%以上），蒸散发的变化主要取决于植被蒸腾。在水资源管理中，土壤蒸发作为水分的无效损失，其评价对提高水资源利用率具有科学的指导意义。因此，除研究蒸散发总量外，还有必要区分蒸散发中的植被蒸腾与土壤蒸发。

蒸散发已经研究了三百多年。经过三个多世纪的发展，蒸散发的理论基础及其观测法都取得了一系列的研究成果（邱国玉，2008）。Hally（1687，引自 Monteith，1981）关于海面水分蒸发的论文 *An estimate of the quantity of vapor raised out of the sea by warmth of sun* 是有据可查的研究蒸散发最早的科学论文。但是，在之后的 17 世纪和 18 世纪，蒸散发的研究进展并不显著。现代蒸散发理论的研究始于 Dalton（1802）和 Fick（1855）（引自 Saxton and Howell，1985）。Dalton（1802）综合了风速、空气温度和空气湿度对蒸发的影响，提出了著名的 Dalton 蒸发定律，使蒸发的计算具有明确的物理意义（Saxton and Howell，1985），该定律对近代蒸发理论的创立具有决定性作用。

1926 年，Bowen 基于能量平衡，将近地表显热通量与潜热通量之比定义为波文比（Bowen ratio），提出了计算蒸散发的波文比法（Bowen ratio method），随后该方法得到了广泛应用。至今，波文比法仍然是田间尺度测量蒸散发常用的方法（Qiu et al.，1996a，1996b）。Thornthwaite 和 Holzman（1939）利用近地面边界层相似理论，在假定边界层内动量、热量和水汽传输系数相等的基础之上，提

出了利用水气压梯度和空气动力学方法计算蒸散发的方法。

　　1948 年是对蒸散发研究具有特别意义的一年。Penman 在这一年发表了题为 "*Natural evaporation from open water, bare soil and grass*" 的研究论文，从能量平衡和空气动力学理论出发，建立了分析蒸散发的机理，在综合能量平衡、空气饱和差和风速等要素的基础上，提出了著名的彭曼公式（Penman，1948）。彭曼公式具有较好的理论基础和明确的物理意义，一直得到了广泛的应用。同年，Thornthwaite（1948）发表了题为 "An approach towards a rational classification of climate" 的研究论文，并提出蒸散发（evapotranspiration）的概念。Swinbank（1951）依据近地面层湍流理论，提出用涡度相关法（eddy covariance）直接观测蒸散发。与其他计算蒸散发方法的假定不同（即空气是平移运动），涡度相关法假定空气以直径数十厘米的气团为单位一边旋转一边向前平移。该假定在后来的研究中得到了广泛验证。随着观测手段的进步，涡度相关法从 20 世纪 90 年代开始成为水汽通量观测的基本手段，在世界各地得到了广泛应用。Monteith（1965）在 Penman 等人的工作基础上，结合能量平衡和空气动力学理论，通过引入表面阻抗的概念，提出了 Penman-Monteith 公式（P-M 公式），为蒸散发研究开辟了一条新途径。气孔阻抗或表面阻抗（对植被下垫面而言，即为冠层阻抗）的参数化是 P-M 公式能够大范围推广应用的前提。

　　20 世纪 20 年代至 60 年代是研究蒸散发发生机理和评价方法的飞跃阶段。到 60 年代中期，蒸散发的现代理论体系（能量收支理论、空气动力学理论和许多经验关系式）已基本成熟，如 Penman 公式（1948），Jensen-Haise 公式（1963）和 Blaney-Criddle 公式（1966）。在观测手段方面，也有了长足进步。蒸渗仪（lysimeter）、净辐射仪（net radiometers）、中子水分仪（neutron probes）等仪器设备得到了广泛应用。

　　20 世纪 70 年代，随着电子计算技术的进步，解决了海量计算的困难，出现了许多耦合上述物理公式的计算模型。例如，通过模拟土壤–作物–大气连续体（soil-plant-atmosphere continuum，SPAC）能量与物质交换过程来计算蒸散发的 SPAC 模型，能描述大部分传输机制（辐射、通量与水分传输）和生理过程（气孔调节、光合作用等）的土壤–植物–大气传输模型（soil-vegetation-atmosphere transfer models，VAT），能与大气环流模型结合的陆面过程模型（如 simple biosphere，SiB 模型和 biosphere-atmosphere transfer scheme，BATS）等。

　　20 世纪 70 年代后期，随着遥感技术的出现与不断发展，研究者开始尝试用遥感技术观测流域和区域的蒸散发量。多时相、多分辨率、多光谱及多角度的卫星遥感资料能够客观反映出下垫面的几何结构和湿热状况，特别是热红外温度能够较客观地反映出近地层湍流热通量大小和下垫面的干湿差异。比起常规的"点源"（小尺度）评价方法，遥感方法在区域蒸散计算方面具有明显的优越性。

　　本书将在第 8 章~第 12 章分别介绍一些常见的蒸散发测算方法。

# 第 8 章 | 植物生理学方法
## Plant physiology methods

植物生理学方法主要包括：快速称重法、气孔计法、小室法（chamber method）、示踪法（trace method）和整树容器测定法等，用于测定单株植物或单个叶片的蒸腾量，能在较短时间尺度（分、小时、天）内揭示植株的生理特征及环境因素对蒸腾量的影响。这类方法适用于其他方法无法适用的复杂地形、狭小场地和孤立木的观测。但是，由于测定时可能改变了环境特征，获得的结果只能代表该特定条件下的蒸腾量。另外，由于叶片测定结果难以推广到整个植株，单株测定结果难以推广到群落或立地水平，所以该方法主要用于比较研究（邱国玉，2008）。植物生理学方法中最常用的有两类：小室法和示踪法（热脉冲法）。

## 8.1 小 室 法

小室法（chamber method）的原理是将植物样本（叶片、枝条或植株）放入已知体积的小室内，测定该小室内的湿度变化，从而计算出蒸腾量。小室可以是闭合式，也可以是换气式。通过测定某时间段室内（闭合式）的湿度变化，或分别测定进气口和排气口（换气式）的湿度变化，即可计算出流水流量（蒸散发）（Reicosky and Peters, 1977）。在这两类小室中，换气式小室（风调室）的应用更为广泛，通过测定进出风调室气体的水汽含量差以及室内的水汽增量来获得蒸散量。目前，已经有很多商品化的仪器，广泛应用的有气孔计（Porometer）和植物光合系统（plant photosynthesis system）。利用这类方法时，必须注意小室内的环境和植物实际生长环境可能不同，因此测得的蒸腾量不一定是实际的蒸腾量（邱国玉，2008）。由于该法不能在大面积上应用，而且风调室内气候与自然小气候有差别，因此它不能很好地模拟自然小气候，其研究结果只代表蒸散的绝对值，不能代表实际值，所以，只具有相对的比较意义。

## 8.2 示 踪 法

示踪法（trace method）一般用于确定树干液流量，最常用的示踪方法是热脉冲方法（heat pulse method），也称树干液流法。此法能在基本不影响树木自然生长状态的情况下，测量树干木质部中上升液流的流动速度及流量，从而推算树冠蒸腾的耗水量。1932 年，Huber 测量了木质部液流，经过数次较大的改进（Marshall，1958；Layton，1970；Cohen et al.，1981；Sakuratani，1981），该测算方法得以商品化。它的基本原理是在植物茎干内人工施用热源，然后在离热源一定距离的点测定热的传导时间和温度。通过解析传输方程，计算出植物茎干内的水流量。该方法发明以来，由于其简便性，Zimmerman 称之为"测量树干液流的最好方法"。

目前，该方法在国内得到了广泛应用。刘奉觉和 Edwards（1993）用该技术测定了杨树单株日蒸腾耗水量。高岩等（2001a，2001b）对小美旱杨树干液流及耗水量进行了研究。李海涛和陈灵芝（1998）对棘皮桦和五角枫树干液流进行了研究。司建华于 2002～2003 年对内蒙古额济纳旗的主要树种——胡杨的树干液流流速及动态进行了测定和分析（司建华等，2005）。

该方法的优点是可以测量单株植物（包括大型乔木）的蒸腾量，缺点是需要确定茎秆内的有效过水面积。有效过水面积往往随着植物种类和环境的变化而变化，如何获得观测对象准确的过水面积是利用树干径流方法的难题之一（邱国玉，2008）。

## 8.3 快速称重法

常用于叶片或枝条的离体称重，通过单位时间内重量的变化，估算蒸腾量。该方法一般用天平在田间现场进行。操作方法如下：从树冠中部摘叶，在防风罩内称重后悬挂于 2m 高处，间隔 2min 后再称质量，单位鲜叶的失水量即蒸腾速率。

## 8.4 整树容器法

1960 年由 Ladefoged 提出，Roberts（1977）和 Knight 等（1981）分别对 10 m 高的欧洲赤松与一百年生的扭松进行过测定。其具体操作方法是：在凌晨将树干从地面处锯断，移入盛水容器（铁桶）中，用铁丝（或铁卷尺）在桶边作水位指示针，加水至指针水位。白天，由于树冠的蒸腾作用，树干断面吸入水分，桶内水位不断下降，定时（20min 间隔）观测容器中的水量损失，即为树冠的蒸腾耗水量。本法设计的巧妙之处在于既可测定大树的蒸腾变化，又可提高测量精度（可精确到 1g），被认为是一种改进的短期蒸渗仪。就本法来说，以树干吸入水量确定树冠蒸腾量在理论上是合理的。但操作中切断了树干与根系的联系，容器内的水使植物处于最优供水条件之下，所以不能代表实际环境中生长的树木的蒸腾值，可作为树木最优供水条件来考虑，可用于比较研究。

　　总体来说，植物生理学方法的优点是准确、操作简单，适用于测定蒸腾量，尤其是在一些特殊情况下，如复杂地形、孤立地块或单棵植株，生理学法能对蒸腾量作出估计。其主要缺点是样本的代表性问题，难以准确地用单棵或数棵植株的蒸腾量推算出大面积植株的总蒸腾量。因此，在确定林分蒸散发时难以应用。

# 参 考 文 献

高岩, 张茹民, 刘静. 2001a. 应用热脉冲技术对小美旱杨树干液流的研究. 西北植物学报, 21 (4): 644-649.

高岩, 刘静, 张茹民, 等. 2001b. 应用热脉冲技术对小美旱杨耗水量的研究. 内蒙古大学学报, 22 (1): 44-48.

李海涛, 陈灵芝. 1998. 应用热脉冲技术对棘皮桦和五角枫树干液流的研究. 北京林业大学学报, 20 (1): 1-6.

刘奉觉, Edwards W R N. 1993. 杨树树干液流时空动态研究. 林业科学研究, 6 (4): 368-372.

邱国玉. 2008. 陆地生态系统中的绿水资源及其评价方法. 地球科学进展, 23: 713-722.

司建华, 冯起, 张小由, 等. 2005. 植物蒸散耗水量测定方法研究进展. 水科学进展, 16 (3): 450-459.

Blaney H F, Criddle W D. 1950. Determining consumptive use for planning water developments. Las Vagas, ASCE Irrig. and Drainage Specialty Conf: 1-34.

Cohen Y, Fuchs M, Green G C. 1981. Improvement of the heart pulse method for determining sap flow in trees. Plant Cell Environ, 4: 391-397.

Dawson T E, Mambelli S, Plamboeck A H, et al. 2002. Stable isotopes in plant ecology. Annual Review of Ecology and Systematics, 507-59.

Jensen M E, Haise R H. 1963. Estimating evapotranspiration from solar radiation. ASCE Proceeding, 89 (IR4): 15-41.

Knight D H, Fahey T J, Running S W, et al. 1981. Transpiration from 100-yr-old lodgepole pine forests estimated with whole-tree photometers. Ecology, 62: 717-726.

Layton L. 1970. Problems and techniques in measuring transpiration from trees. In: Cutting L C. Physiology of tree crops. New York: Academic Press, 101-112.

Marshall D C. 1958. Measurement of sap flow in conifers by heat transport. Plant Physiol, 33: 385-396.

Monteith J L. 1965. Evaporation and environment. Symposia of the Society for Experiment Biology, 19: 205-234.

Monteith J L. 1981. Evaporation and surface temperature. Q J Roy Meteor Soc, 107: 1-27.

Penman H L. 1948. Natural evaporation from open water, bare soil and grass. Proceedings of the Royal Society of London. Series A, Mathematical and Physical Sciences, 193: 120-145.

Qiu G Y, Momii K, Yano T. 1996a. Estimation of plant transpiration by imitation leaf temperature I. Theoretical consideration and field verification. Transaction of the Japanese Society of Irrigation, Drainage and Reclamation Engineering, 64: 401-410.

Qiu G Y, Yano T, Momii K. 1996b. Estimation of plant transpiration by imitation leaf temperature II. Application of imitation leaf temperature for detection of crop water stress. Transaction of the Japanese Society of Irrigation, Drainage and Reclamation Engineering, 64: 767-773.

Reicosky D C, Peters D B. 1977. A portable chamber for rapid evapotranspiration measurements on filed plots. Agron J, 69: 729-732.

Roberts J M. 1977. The use of tree-cutting technique in the study of water relation of mature *Pinus sylvestris* L. J ExpBot, 28: 751-767.

Sakuratani T. 1981. A heat balance method for measuring water flux in stem of intact plats. J AgricMet, 37: 9-17.

Saxton K E, Howell T A. 1985. Advances in Evapotranspiration—An introduction In: Joseph M I. Proceeding of the National Conference on Advances in Evapotranspiration. 1-3. American Society Agricultural Engineering, ST.

Swinbank W C. 1951. The measurement of vertical transfer of heat and water vapor by eddies in the lower atmosphere. J Meteorol, 8: 135-145.

Thornthwaite C W, Holzman B. 1939. The determination of evaporation from land and water surfaces. Mon Weather Rev, 67: 4-11.

Thornthwaite C W. 1948. An approach towards a national classification of climate. Geogr Rev, 38: 55-94.

# 第 9 章 | 微气候学方法

## Micrometeorology methods

微气候学方法的基本原理是利用实测的气象参数（温度、湿度、风速、太阳辐射等）来计算观测面的蒸散发。这类方法在观测时需要尽量减少对微气象环境的干扰，它适用的时间尺度可以从几分钟到几个月。由于混合长度的需要（fetch requirement），这类方法适用于田间尺度的平坦均匀地表。在地表起伏、对流强烈的情况下使用要十分慎重。这类方法较多，下面介绍其中最有代表性的几种。

## 9.1 波 文 比 法

波文比法（Bowen ratio method）是 Bowen 在 1926 年提出的。其基本原理和推导过程如下：根据能量守恒定律，植被冠层或土壤表层接收的能量等于支出的能量，能量平衡方程为

$$R_n = LE + H + G \tag{9-1}$$

式中，$R_n$ 为太阳净辐射量 [J/(m$^2$·s)]；$G$ 为土壤热通量 [J/(m$^2$·s)]；$H$ 为显热通量 [J/(m$^2$·s)]；$LE$ 为潜热通量，$E$ 为垂直方向上的水汽通量 [kg/(m$^2$·s)]，$L$ 为水的汽化潜热系数 (J/kg)。其中，$R_n$ 和 $G$ 可以直接观测，$LE$ 和 $H$ 可以根据观测的参数间接计算。

波文比（$\beta$）被定义为某一个界面上显热通量与潜热通量的比值，且可以表示为垂直方向上温度梯度和湿度梯度的函数。假定乱流水汽交换系数与乱流热交换系数相等，即 $K_w = K_h$，$\beta$ 可以定义为（Bowen，1926）

$$\beta = \frac{H}{LE} = \frac{\rho C_p K_h \dfrac{\partial T}{\partial z}}{\varepsilon L/P \rho K_w \dfrac{\partial e}{\partial z}} = \gamma \frac{\Delta T}{\Delta e} = \frac{C_p \Delta T}{L \Delta q} \tag{9-2}$$

式中，$\rho$ 为空气密度 (kg/m$^3$)；$C_p$ 为空气定压比热容 [MJ/(kg·℃)]；$\gamma$ 为干湿表常数 (kPa/℃)；$\varepsilon = 0.622$，为水汽和干燥空气的分子量之比；$P$ 为气压 (kPa)；$\Delta T$ 为上下层空气的温度差 (℃)；$\Delta e$ 为上下层空气的水汽压差 (kPa)；$\Delta q$ 为上下层空气的湿度差 (%)。根据波文比，可以得出潜热与显热的关系，将其代入式 (9-1)，可以得到计算潜热（$LE$）、显热（$H$）和蒸散发量（ET）的公式为

$$LE = \frac{R_n - G}{1 + \beta} \tag{9-3}$$

$$H = \frac{\beta(R_n - G)}{1 + \beta} \tag{9-4}$$

$$ET = \frac{R_n - G}{L(1 + \beta)} \tag{9-5}$$

应用波文比方法计算蒸散发时，测量温度和湿度的两个高度要尽量接近地表，这样可以减少空气上升浮力和对流的影响。在实际应用中，多采用 2m 和 1.5m 两个高度。

# 9.2 涡度相关法

涡度相关法（eddy covariance method）是一种直接测量蒸散发面上垂直方向水汽通量的方法（Swinbank, 1951）。该方法采用灵敏度高、反应速度快的仪器直接测定垂直方向上的风速（$w$）和湿度（$q$）瞬时值，然后用下式计算蒸散发（水汽通量）为

$$ET = -\rho\, \overline{w'q'} \tag{9-6}$$

式中，上划线表示某段时间内的平均值，$\rho$ 为空气密度（kg/m³）；$w'$ 表示瞬时垂直风速与平均垂直风速的偏差（m/s）；$q'$ 为瞬时垂直湿度与平均垂直湿度的偏差（无单位或%）。涡度相关法不受地表和大气状况的限制，实用性强。结合二氧化碳通量观测，成为目前通量观测的主流方法。但是，需要注意的是由于目前大部分观测塔的观测高度是 2~5m，往往需要很长的混合长度（>500m）。图 9-1 显示的是某涡度相关系统的实际照片。

图 9-1 黑河流域中游绿洲涡度观测系统

Figure 9-1 Photograph showing an eddy covariance system in an oasis in Heihe River basin

## 9.3 彭 曼 公 式

彭曼公式（Penman equation）的适用条件是开放水面、充分湿润的土壤或供水充足的均匀矮小植被。在满足这些条件时，蒸散发量可以用下式计算为

$$\mathrm{ET} = \frac{\Delta(R_n - G) + \rho_a C_P(e_{s(T_a)} - e_a)/r_a}{\Delta + \gamma} \tag{9-7}$$

式中，需要观测的参数有，$R_n$ 为净辐射通量（W/m$^2$）；$G$ 为土壤热通量（W/m$^2$）；$e_{s(T_a)}$ 为气温为 $T_a$ 时的饱和水气压（kPa）；$e_a$ 为空气的水气压（kPa）；$r_a$ 为空气动力学阻抗（s/m）。可以视为常数的参数有，$\Delta$ 为饱和水气压–温度曲线的斜率（kPa/℃）；$\rho_a$ 为空气密度（kg/m$^3$）；$C_P$ 为空气的比热 [MJ/(kg·℃)]；$\gamma$ 为干湿球常数（kPa/℃）。由于彭曼公式只适用于水分充分的条件（开放水面、充分湿润的土壤或供水充足的均匀矮小植被），彭曼公式求出的结果实际上是潜在蒸散发量。

## 9.4 Penman-Monteith 联合方法

Penman-Monteith 联合方法（P-M combination method）结合了能量平衡和空气动力理论，全面考虑了能量平衡、空气饱和差和风速等要素，具有良好的物理学基础，其中最有代表性的方法是 Penman-Monteith 公式（Monteith，1965）。在彭曼公式的基础上，Monteith 通过引入表面阻抗（$r_c$），把它扩展到非充分湿润条件，提出了著名的 Penman-Monteith 公式：

$$\mathrm{ET} = \frac{\Delta(R_n - G) + \rho_a C_P(e_{s(T_a)} - e_a)/r_a}{\Delta + \gamma(1 + r_c/r_a)} \tag{9-8}$$

从上式可以看出，当表面充分湿润时，$r_c$ 趋向于零，Penman-Monteith 公式变成彭曼公式，所以，彭曼公式可以认为是 Penman-Monteith 公式的一种特殊形式。

到目前为止，Penman-Monteith 公式是利用最广泛的联合方法。在该方法中，大部分参数可以通过常规气象站的观测获得。比较难以观测的参数是表面阻抗。对于完全覆盖的植被而言，表面阻抗可以用叶面积指数（LAI）和气孔阻抗（$r_{st}$）计算：

$$r_C = \frac{r_{st}}{\mathrm{LAI}} \tag{9-9}$$

但是，对于部分覆盖的植被和裸露的土壤来说，目前还没有比较公认的方法获得表面阻抗。经常是在已知蒸散发量的条件下用 Penman-Monteith 公式反推表面阻抗。

# 9.5　温度差方法

温度差方法（temperature difference method）需要蒸散发面和某高度的温度之差，常见的形式为

$$ET = (R_n - G) - \rho C_P \frac{T_s - T_a}{r_a} \qquad (9\text{-}10)$$

式中，$T_s$ 为蒸散发面的表面温度；$T_a$ 为气温。单位均为 K。式（9-10）是用温度差和空气动力学阻抗计算显热通量后，利用能量平衡方程余项式计算蒸散发。除了需要能量项（$R_n - G$）外，还需要空气动力学阻抗（$r_a$）、表面温度和气温。

表面温度可以通过红外放射温度计（infrared radiometry）来遥感测量或通过对叶片的温度积分获得。过去，该方法主要用于简单表面。但是，近年来随着遥感热红外技术的进步，可以用卫星遥感技术比较准确地获得表面温度，因此，该方法有潜力被用来估算较大空间尺度的蒸散发量。但是，由于该方法中包含遥感无法获取的空气动力学阻抗，因此上述方法在遥感领域的实际应用一直没有取得实质性进展。

# 9.6　三温模型

三温模型（three temperatures model）是邱国玉（1996）提出的一种蒸散发计算方法，先后在各种条件下得到应用（Qiu et al.，1996，1998，1999，2000，2002，2003，2006；Qiu，1997）。该方法通过引入参考蒸发（蒸腾）面，在温度差方法的基础上消除了空气动力学阻抗，便于应用。

三温模型的核心参数是表面温度、参考表面温度和气温，所以被称为"三温模型"。通过引入参考土壤（因为干燥，没有水分蒸发土壤）和参考植被（因为干燥，植被的蒸腾量为零的植被），不需要输入空气动力学阻抗和表面阻抗就可以分别计算土壤蒸发量和植被蒸腾量。

## 9.6.1　土壤蒸发子模型

在三温模型中，裸露土壤的蒸发量（$E$）可以用下式计算：

$$E = R_n - G - (R_{nd} - G_d) \frac{T_s - T_a}{T_{sd} - T_a} \qquad (9\text{-}11)$$

式中，$R_n$ 和 $G$ 分别为蒸发土壤面的净辐射量和土壤热通量，$R_{nd}$ 和 $G_d$ 分别为无蒸发土壤（参考土壤）的净辐射量和土壤热通量，$T_s$ 为蒸发土壤面的表面温度，

$T_a$ 为气温，$T_{sd}$ 为参考土壤的表面温度。单位均为 K。

## 9.6.2  植被蒸腾子模型

在地面完全覆盖植被的情况下，土壤热通量可忽略不计。此时，植被蒸腾量（$T$）可用以下公式计算：

$$T = R_n - R_{np} \frac{T_c - T_a}{T_p - T_a}$$
(9-12)

式中，$T$ 为蒸腾量；$R_n$ 为植被的净辐射量；$R_{np}$ 为参考植被的净辐射量；$T_a$ 为气温；$T_c$ 和 $T_p$ 分别为植被冠层表面温度和参考植被冠层表面温度。参考叶片如图 9-2 所示。

图 9-2   参考叶片示意图

Figure 9-2   Schematic representation of the photograph showing a reference dry leaf

## 9.6.3  蒸散发计算

在植被完全覆盖条件下，可以用植被蒸腾子模型来求蒸散发量。在土壤完全裸露条件下，可以用土壤蒸发子模型求蒸散发量。在植被不完全覆盖条件下，可以用植被盖度 $f$（覆盖区和裸露土壤区所占比例表示）或归一化植被指数（NDVI）分别给出土壤蒸发（$E$）和植被蒸腾（$T$）的权重，再用下式计算蒸散发的总量：

$$ET = (1-f) \times E + f \times T$$
(9-13)

可见，三温模型中包含的参数种类比较少。在计算土壤蒸发（无效绿水流）时，需要的参数有三种：净辐射量、土壤热通量和温度。在计算值被蒸腾（有效绿水流）时，只需要两种参数：净辐射量和温度。由于这些参数可以相对较容易地由遥感方法估算，三温模型在遥感应用上具有一定优势。

# 参 考 文 献

Bowen I S. 1926. The ratio of heat losses by conduction and by evaporation from any water surface. Phys Rev, 27: 779-787.

Monteith J L. 1965. Evaporation and environment. Symposia of the Society for Experiment Biology, 19: 205-234.

Qiu G Y, Momii K, Yano T. 1996a. Estimation of plant transpiration by imitation leaf temperature I. Theoretical consideration and field verification. Transaction of the Japanese Society of Irrigation, Drainage and Reclamation Engineering, 64: 401-410.

Qiu G Y, Yano T, Momii K. 1996b. Estimation of plant transpiration by imitation leaf temperature II. Application of imitation leaf temperature for detection of crop water stress. Transaction of the Japanese Society of Irrigation, Drainage and Reclamation Engineering, 64: 767-773.

Qiu G Y. 1997. A new method for estimation of evapotranspiration. Tottori. 1997. Annual report of Arid Land Research Center, Tottori University.

Qiu G Y, Yano T, Momii K. 1998. An improved methodology to measure evaporation from bare soil based on comparison of surface temperature with a dry soil. J Hydrol, 210: 93-105.

Qiu G Y, Momii K, Yano T, et al. 1999. Experimental verification of a mechanistic model to partition evapotranspiration into soil water and plant evaporation. Agr Forest Meteorol, 93: 79-93.

Qiu G Y, Ben-asher J, Yano T, et al. 1999. Estimation of soil evaporation using the differential temperature method. Soil Sci Soc Am J, 63: 1608-1614.

Qiu G Y, Miyamoto K, Sase S, et al. 2000. Detection of crop transpiration and water stress by temperature related approach under the field and greenhouse conditions. Jarq-Jpn Agr Res Q, 34: 29-37.

Qiu G Y, Miyamoto K, Sase S, et al. 2002. Comparison of the three temperatures and conventional models for estimation of transpiration. Jarq-Jpn Agr Res Q, 36: 73-82.

Qiu G Y, Sase S, Shi P J, et al. 2003. Theoretical analysis and experimental verification of a remotely measurable plant transpiration transfer coefficient. Jarq-Jpn Agr Res Q, 37: 141-149.

Qiu G Y, Shi P J, Wang L M. 2006. Theoretical analysis of a remotely measurable soil evaporation transfer coefficient. Remote Sens Environ, 101: 390-398.

Swinbank W C. 1951. The measurement of vertical transfer of heat and water vapor by eddies in the lower atmosphere. J Meteorol, 8: 135-145.

# 第 10 章　水量平衡方法

## Water balance methods

## 10.1　水量平衡方法简介

　　水量平衡方法是基于水量平衡的原理，可分为间接水量平衡法和直接水量平衡法。间接水分平衡法是在测得水量平衡的各项参数后，求出相应的蒸散发量（ET）：

$$P+I=\text{ET}+\text{RO}+\Delta Q+\Delta W+L \tag{10-1}$$

式中，$P$ 为降水量；$I$ 为灌溉水量；RO 为地表径流量；$\Delta Q$ 为地下水储量的变化；$\Delta W$ 为土壤含水量的变化；$L$ 为渗入或渗出的水分量，各变量单位均为 mm。水量平衡法适用的空间尺度可以从小斑块（$5 \sim 10 \ \text{m}^2$）到大型流域（数万平方公里），适用的时间尺度可以从一周到一年。使用水量平衡方法的关键是准确地测量水分平衡的各个参数。在实际应用中，各个参数的估算误差往往较大（常常超过 ET），有时这些误差还会被放大。例如，降水观测出现 10% 的误差，可能最后计算的 ET 会出现更大的误差。

　　直接水量平衡方法包括称重式蒸渗仪（weighing lysimeter），可以直接测量水分平衡式中的各个参数。称重式蒸渗仪是绿水流测量中最准确的方法，它可以连续观测 ET，适用的时间尺度可以从几分钟到几个月。因为它的准确性，称重式蒸渗仪可以用来独立检验其他方法或模型。称重式蒸渗仪属大型设备，由于观测面积和体积有限，该方法不适用于观测深根系的树木。

## 10.2　案例：内蒙古太仆寺旗退耕草地水分收支的研究

### 10.2.1　研究区和研究意义

　　"退耕还林还草"是我国生态建设的一项重大举措，从 20 世纪 90 年代后期开始我国就大力推行了"退耕还林还草"生态环境保护与重建工作，期望能够通过植被恢复，提高植被的水源涵养能力，起到水土保持、防风固沙、控制侵蚀的作用。"退耕还林还草"也就是将人类过度开垦或不合理利用的耕地借助人工栽种栽植林木、灌丛、草种等措施，借助通过植被的自身演替，重建生态系统平衡的举措。我国的退耕还草区大部分分布在半干旱区，这里降水少、潜在蒸发量大，水资源短缺问题是制约植被恢复的重要限制因素。同时，不同植被对水分的利用效率不同，不合理的还林还草还可能加剧半干旱区的缺水局面。原生草地（native grassland，ND）被开垦为农地，长期耕作后的土地因受耕作技术和自然环境条件的限制，也会逐渐失去耕作价值而撂荒。在半干旱区，耕作的农地有大致 9 个月的裸露期，土壤有机质会因风蚀而被分解，同时受降水限制，土壤肥力也会逐渐降低。因此，人工的退耕还草需要在已失去生态稳定性的环境下进行，这就限制了退耕草地的正常发展。退耕草地在恢复过程中，能否通过自身演替构建生态平衡，能否适宜当地的水分条件，其水分收支状态如何？退耕草地在生长过程中，对当地水环境的影响如何，是否会出现"生境干旱化"现象？这些问题都是制约"退耕还林还草"工作顺利开展的基本因素。

本研究针对半干旱区不同退耕年龄的草地、原生草地和农地的水分收支各项，分别研究它们的水分收支、它们的差别与联系，同时分析影响水分收支平衡的有关因子，以期能够为更好地开展"退耕还草"工作提供依据。

一般而言，水分收支方程式中涉及的分量很多，而且有的分量准确测定较为困难。所以可以根据具体情况对表达式做一定的简化。一般来说，如果土壤系统是封闭的（如土壤层很浅或者具有很深的地下水位），深层渗漏量和地下水补给量就可以忽略，我们以半干旱的内蒙古草原为例来进一步说明水分平衡方法的应用。

例如，在半干旱区平坦的草原上，可以不考虑深层水渗漏。在内蒙古草原，土壤钙积层浅，土壤厚度不大，地下水位较深，因此深层渗漏量和地下水补给量可以忽略。而该区无灌溉，灌溉也可以忽略。降水少、地形普遍平坦，土壤松厚，一般无地表径流。由此，式（10-1）可简化为：$P = ET + \Delta Q$。

由此可见，降水、蒸散发、土壤含水量的变化是研究区内蒙古太仆寺旗草地水分收支的决定因素，只有三者之间达到了平衡，才能满足当地的生态需水量。

## 10.2.2 不同退耕年龄草地在生长季的水分收支

图 10-1 显示的是研究区水分收支的各项变化，其中 ET 是通过式水分平衡方法计算得到的蒸散发量。通过分析可见，2008 年原生草地的 ET 值相对更大，随着退耕年限的增加，ET 值也增加，总体上 ET 均小于或约等于降水量 $P$。波文比法计算得到的 $ET_{Bowen}$ 的与 ET 的变化趋势一致，但 $ET_{Bowen}$ 值大于用水量平衡方程得到的 ET 值。2006 年退耕地与 2000 年退耕地的 $ET_{Bowen}$ 与 $P$ 大致相当，而 ND1 的 $ET_{Bowen}$ 则远大于 $P$ 的值。

2009 年的 ET 均大于 $P$，各样地的水分都处于亏损状。而与 2008 年相比，各样地的 ET 呈现相反的变化趋势，退耕年限越短，ET 也就越大，原生草地 1（ND1）的 ET 最小，大致与 $P$ 相当。利用波文比法计算的 $ET_{Bowen}$ 仍然大于 ET，同样 ND1 的 $ET_{Bowen}$ 大于 2006 年退耕草地的 $ET_{Bowen}$，但二者的差距在缩小。

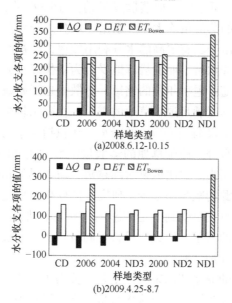

图 10-1　2008 年、2009 年生长季水分收支各项的值

注：$\Delta Q$ 为土壤水分储量变化量；$P$ 为降水量；ET、$ET_{Bowen}$ 分别为水分平衡法、波文比法计算的蒸散量；ND1 为原生草地 1；2000 为 2000 年退耕草地；ND2 为原生草地 2；2004 为 2004 年退耕草地；ND3 为原生草地 3；2006 为 2006 年退耕草地；CD 为农地。

Figure 10-1　Water balance elements at growing season in 2008 and 2009

Note：$\Delta Q$ is change of soil water storage, $P$ is precipitation, ET is obtained by water balance method and $ET_{Bowen}$ is obtained by Bowen ratio method, ND1 is Natural grassland 1, 2000 is grain for green in 2000, ND2 is Natural grassland 2, 2004 is grain for green in 2004, ND3 is Natural grassland 3, 2006 is grain for green in 2006, CD is cropland.

通过土壤剖面调查，发现研究区大概在 1m 深度处土壤出现钙积层，由于打土钻法获取土样的方式受实际条件限制，取样深度只达到了 70cm，所以再往下的土壤储水量未能计算到土壤含水量变化中，会造成水分储量 $\Delta Q$ 偏低的情况出现。由于水分平衡法在较短的时期内受土壤水分波动的影响较大，另外，观测期外的降水（冬季）也会对水量平衡法产生影响，由此会造成 ET 值偏小。用波文比法计算蒸散量与涡度相关法、蒸渗仪测蒸散法相比均存在测定值偏大的情况，因此这也是波文比法计算结果大于水分平衡法的原因。

## 10.2.3　退耕还草对水分收支的影响

在本研究中，2000 年退耕草地以及 2006 年退耕草地的水分收支在 2008 年（平水年）大体平衡，而原生草地蒸散发量稍大于降水量。2009 年（干旱年），退耕草地与原生草地的蒸散量均大于降水量，水分处于亏损状态。在降水较为充足的时期，原生草地由于具有更高的水分利用效率，植被由于消耗了更多的土壤水分，蒸散量稍大于降水量。而退耕草地受人为耕作以及放牧的影响，植被水分利用效率相对较低，随着退耕年限的缩短，蒸散量也开始减少，总体上蒸散量约等于降水量，降水基本能满足退耕草地的需求。在降水较少时期，各样地水分都处于亏损状态，植被不仅消耗了当年的降水，还包括冬季的融雪、土壤较深层的水分以及往年积累的水分。原生草地的蒸散量虽然大于 2006 年退耕草地的蒸散量，但二者的差距在缩小。说明退耕时间越短，对干旱的相应也就越慢，水分消耗量没有因为水分来源的减少而减少。研究区的原生草地受放牧的影响存在不同程度的退化，其水分收支也受到一定的影响。农地退耕后，蒸散量也相应减少，水资源含量出现暂时的富足，但这在退耕时间较短的样地表现不明显，因此还需加强退耕更长时间的样地观测。

从研究区未退化的原生草原来看，主要可分为羊草草原和大针茅草原。由于羊草草原的生态环境较为湿润，土壤含水量较高，优势种多为旱中生生态型；而大针茅草原的生态环境较干旱，土壤含水量较低，优势种多为典型的旱生生态型。羊草群落蒸散主要来自群落蒸腾作用，而大针茅群落蒸散则是由群落蒸腾和群落蒸发共同作用的结果。有研究证明，在半干旱区内蒙古的羊草草原，降水能够满足蒸散的需求，其水分收支大体上是平衡的。对于本研究中退化了的原生草地，加强禁牧措施，促进植被的恢复演替是重建水分平衡的基础。而退耕草地受以往耕作以及放牧作用的双重影响，同时受气温升高、降水影响的限制，其水分平衡的影响因素更多。尽管在降水较多的年份，其水分大体充足，但是随着退耕年限的增加，其消耗量也在增加。在退耕时间较短的草地，较小的植被盖度增大了裸露的土壤面积，造成沙尘与土壤蒸发加大，而杂草的优势地位在这一阶段减少了植被蒸腾，造成暂时的蒸散量偏小。因此暂时的水分充足并不一定是真正的水分收支平衡。采用秋翻地来增加土壤的蓄水保墒能力减少沙尘；选择合适的牧草，降低浅层以及较深层的土壤容重，在充分利用降水的情况下避免土壤干层的形成；加强管理，控制放牧，促进杂草向优质牧草的演替将是保障退耕工作的有效措施。

# 第 11 章 | 同位素方法
## Isotope methods

常见的蒸散发观测方法（如涡度相关法、波文比法）难以分离植物蒸腾和土壤蒸发，其组分观测的方法（如植物液流计、小蒸渗仪），由于下垫面异质性，不能很好地应用于大尺度生态系统。相对而言，同位素方法具有较好的空间同质性，在很大程度上克服了上述方法的缺陷。土壤水分蒸发由于其库容巨大，水分循环较慢，而植物库由于大量的蒸腾，水分更新快，二者的水文物理过程截然不同，导致蒸发和蒸腾的水体同位素比率差异显著（Wang and Yakir, 2000），为分离蒸散发提供了很好的理论基础。

## 11.1 同位素基础

同位素（isotope）是指质子数相同而中子数不同的原子，相同元素同位素的化学性质相同。在自然界中，大多数的元素存在两种或两种以上的同位素，一般而言，较轻同位素在自然界中的含量要高于较重同位素的。例如，氢元素具有两种同位素，分布较多的氕（$^1H$）和氘（D 或$^2H$）；氧元素具有三种同位素（表 11-1）。然而，自然界中，$^{17}O$ 的分布相当稀少，几乎可以忽略——除了少数特殊目的的研究。因此，由氢和氧元素共组成六种水分子的类型：$H_2^{16}O$、$HD\ ^{16}O$、$H_2^{18}O$、$HD^{18}O$、$DD\ ^{16}O$、$DD^{18}O$，稀有元素之间的组合较为罕见，只有 $H_2^{16}O$（轻水）、$HD\ ^{16}O$、$H_2^{18}O$（重水）较为常见，其分子水平上的水文属性具有显著差异，是同位素研究的主要对象。

**表 11-1 氢和氧的同位素及其在自然界中的分布**

**Table 11-1 Distribution of oxygen and hydrogen isotopes in nature**

| 元素 | 同位素 | 丰度/% | 比率 | 相对比率 |
|------|--------|--------|------|----------|
| 氢 | $^1H$ | 99. 985 | $^2H/^1H = 0.001\ 500\ 2$ | $^2H/^1H = 0.000\ 155\ 76$ (SMOW) |
| | $^2H$ | 0. 015 | | |
| 氧 | $^{16}O$ | 99. 759 | $^{18}O/^{16}O = 0.002\ 044\ 9$ | $^{18}O/^{16}O = 0.002\ 067\ 1$ (SMOW) |
| | $^{17}O$ | 0. 037 | | |
| | $^{18}O$ | 0. 204 | | |

通常，同位素可用丰度（abundance）、比率（ratio）和相对比率表示。丰度是某种元素的各种同位素在原子中所占的百分比。比率是某种元素的两种同位素的丰度之比（某元素的稀同位素与丰富同位素的丰度之比）。相对比率是指样本中某同位素的比率（$R_{sample}$）与参照样本中相同同位素的比率（$R_{standard}$）的比值（公式 11-1）。例如，水中同位素的丰度用重水和轻水之间的比率来表示，（$R = D/H = HD^{16}O/H_2^{16}O$ 或 $H_2^{18}O/H_2^{16}O$）。由于同位素比率很小，一般采用千分比（per-mil，‰）表示，记为 $\delta$。

$$相对比率 = \frac{R_{sample} - R_{standard}}{R_{standaard}} \tag{11-1}$$

$$\delta = \frac{R_{sample} - R_{standard}}{R_{standard}} \times 1000‰ \tag{11-2}$$

水中氢氧同位素使用的国际标准是 SMOW（standard mean ocean water）。

相比较轻水（$H_2^{16}O$）而言，重水（$HD^{16}O$、$H_2^{18}O$）具有较低的饱和水汽压和较低的分子扩散能力。由于不同的饱和水汽压，重水在液态下较气态下更倾向于富集，这种现象称之为热力学平衡分馏（equilibrium fractionation），其富集程度可以用平衡分馏因子来表述：

$$\alpha = \frac{R_l}{R_v} \tag{11-3}$$

式中，$R_l$ 和 $R_v$ 分别为液态和气态下的同位素比率。

热力学分馏因子 $\alpha$ 是温度的函数。例如，式（11-4）和式（11-5）（Ma-joube，1971）：

$$\alpha_D = \exp(24\,844\,T^{-2} - 76.248T^{-1} + 0.052\,61) \tag{11-4}$$

$$\alpha_{18} = \exp(1137T^{-2} - 0.4156T^{-1} + 0.002\,07) \tag{11-5}$$

式中，$T$ 为 K 氏温度，$\alpha_D$ 和 $\alpha_{18}$ 分别为氢和氧的平衡分馏因子。在常温下，$\alpha$ 随温度降低而减小，见表 11-2。

表 11-2　氘与 $^{18}$O 热力学分馏因子估算值

Table 11-2　Estimated $\alpha$ values of $^2$H and $^{18}$O

| 温度/℃ | $\alpha_D$ | $\alpha_{18}$ |
|---|---|---|
| 25 | 1.079 3 | 1.009 37 |
| 20 | 1.085 0 | 1.009 79 |
| 15 | 1.091 1 | 1.010 23 |
| 10 | 1.097 7 | 1.010 70 |
| 5 | 1.104 7 | 1.011 19 |

与之相反，由轻水和重水组成的气态分子扩散所引起的同位素富集现象被称为动力学非平衡分馏（kinetic fractionation）。在理想平衡分馏状态下，氢的同位素比率变化通常为氧的 8 倍。然而，动力学非平衡分馏之后则会下降 3~5 倍。全球或特定区域大气降水中氢-氧同位素组成之间的相关线称为大气降水线（meteoric water line，MWL）。Rozanski 等（1993）通过分析来自全球世界各地 206 个样品后得到全球大气降水线表达式：$\delta D = (8.17+0.06) \delta^{18}O+(10.56+0.65)\%D$，称为全球平均大气降水线（global meteoric water line，GMWL）。因此，可以依据氢-氧同位素比率之间的线性关系，对比判断局部水体的平衡或非平衡状态。并且，可以根据非平衡分馏原理来解释其截距偏离 GMWL 的现象（如来自干旱区的水体），进而判别某些水文过程及现象。

# 11.2　同位素技术在蒸散发研究中的应用

## 11.2.1　蒸散发中的同位素估算

蒸散发中的同位素比率具有非常重要的科学价值，如可用以判别大气中水汽的来源及其路径，以及判断植被的活动及其在水循环中的贡献度。但由于在大气中（包括紧挨植被层上的水汽）观测到的同位素比率信息并非仅为蒸散发本身，还包括了混合后大气中的水汽信息。所以，尽管蒸散发中的同位素信息具有非常重要的科学价值，却在很长一段时间内都未能直接观测。

Yakir 和 Wang（1996）提出一种可以用来估算蒸散发中同位素含量的方法，即利用不同高度处的同位素和水汽浓度来估算蒸散发中的同位素含量，其本质等同于 Keeling（1958）提出的"keeling plot"方法。该方法被首创用于估算植物对大气中二氧化碳浓度的贡献度。

"keeling plot"方法基于物质的质量守恒定律（如水、二氧化碳等）以及同位素信息。该方法假定在大气中水汽主要来源于蒸散发以及大气中固有的水汽，根据水质量及其同位素守恒可得

$$Q_v = Q_{bg}+Q_{ET} \tag{11-6}$$

$$Q_v\delta_v = Q_{bg}\delta_{bg}+Q_{ET}\delta_{ET} \tag{11-7}$$

式中，$Q$ 为水汽混合比率；$\delta$ 为同位素比率；下标 $v$、bg、ET 分别代表全部水汽、大气背景值及其蒸散发。联立以上两个方称，可得

$$\delta_v = Q_{bg}(\delta_{bg}-\delta_{ET})\left(\frac{1}{Q_v}\right)+\delta_{ET} \tag{11-8}$$

假定 $Q_{bg}$、$\delta_{bg}$、$\delta_{ET}$ 在测定期间为固定值，大气中的水汽浓度倒数 $1/Q_v$ 和水汽

中同位素 $\delta_v$ 之间存在线性关系，线性方程的截距可估算出蒸散发同位素比率 $\delta_{ET}$。

## 11.2.2 土壤蒸发和植物蒸腾的分离

植被的蒸散发是土壤蒸发和植物蒸腾之和：

$$ET = E + T \tag{11-9}$$

根据同位素质量守恒定律有

$$\delta_{ET} \times ET = \delta_E \times E + \delta_T \times T \tag{11-10}$$

联立上述两个方程，可得

$$\frac{T}{ET} = \frac{\delta_{ET} - \delta_E}{\delta_T - \delta_E} \tag{11-11}$$

因此，如果能够获得各水汽通量的同位素比率（ $\delta_E$ 、 $\delta_T$ 、 $\delta_{ET}$ ），即可分离蒸散发。如何准确测量或估算各水汽通量中的同位素比率则成为分离蒸散发的关键。

同理，直接观测 $\delta_E$ 、 $\delta_T$ 是非常困难的，但两者皆可估算。普遍认为，植物从土壤吸水传输至叶片的过程中，不存在同位素分馏。尽管在蒸腾作用下，植物叶片中的同位素会富集，但是蒸散的水汽中的同位素数值等同于植物吸收的液体水中的同位素数值，因此 $\delta_T$ 常用土壤水中的同位素代替。

蒸散发通量中同位素（ $\delta_E$ ）的估算，普遍采用 Craig-Gordon 模型来估算，其公式为

$$\delta_E = \frac{\alpha_{eq}^{-1} \delta_e - h \delta_v - \varepsilon_{eq} - (1-h) \varepsilon_k}{(1-h)(1+0.001 \varepsilon_k)} \tag{11-12}$$

式中， $\delta_e$ 为土壤水的同位素比率； $\delta_v$ 为水汽中的同位素比率； $\alpha_{eq}$ 为热力学分馏因子； $\varepsilon_{eq}$ 为同位素热力学分馏因子，约为 1000 （ $1-1/\alpha_{eq}$ ）； $k$ 为动力学分馏因子， $h$ 为相对湿度，为大气中的水汽压和土壤温度饱和水汽压之比（Craig and Gordon, 1965; Farquhar et al., 1989)，此处各变量均为无量纲数。

## 11.2.3 利用同位素方法分离蒸散发的实例

利用 "keeling plot" 方法分离的蒸散发，蒸腾所占比重约为 76% ~ 100%，植物蒸腾贡献率远高于土壤蒸发。Yepez 等（2003）结合树冠层和低矮灌木层及土壤层的同位素观测，测算了树木蒸腾的相对贡献量为 70%，低矮灌木层的蒸腾贡献量为 15%，土壤蒸发为 15%。上述分离结果表明了同位素法在分离蒸散发中的有效性。表 11-3 总结了近年来利用同位素方法在不同生态系统中分离蒸散发的结果。

表 11-3　不同生态系统中同位素方法分离的蒸散发

Table 11-3　Separating evapotranspiration by isotopes in different ecosystems

| 作者及年份 | 植被类型（位置） | 蒸腾所占比例/% |
|---|---|---|
| Yakir and Wang（1996）<br>Wang andYakir（2000） | 农田（以色列中部） | 96.5~98.5 |
| Moreira et al.（1997） | 热带雨林（巴西中部）<br>热带雨林（巴西东部）<br>草场（巴西东部） | 98<br>64<br>48 |
| He et al.（2001） | 海边盐碱地（美国康乃迪克州） | 11 |
| Yepez et al.（2003）<br>Williams et al.（2004） | 热带稀树草原林地（美国亚利桑那州）果园（摩洛哥） | 85~88<br>69~100 |
| Tsujimura et al.（2007） | 山地落叶松林（蒙古东部）<br>大草原（蒙古东部） | 60~73<br>35~59 |

# 参 考 文 献

Craig H, Gordon L I. 1965. Deuterium and oxygen-18 variations in the ocean and the marine atmosphere. In: Tongiori E. Proceedings of the Conference on Stable Isotopes in Oceanographic Studies and Paleotemperatures. Pisa: Laboratory of Geology and Nuclear Science, 9-130.

Farquhar G D, Hubick K T, Condon A G, et al. 1989. Carbon isotope fractionation and plant water-use efficiency. In: Rudel P W, Ehleringer J R, Nagy K A. Stable Isotopes in Ecological Research. New York: Spring-Verlag, 21-40.

He H, Lee X, Smith R B. 2001. Deuterium in water vapor evaporated from a coastal salt marsh. J Geophys Res, 106: 12183-12191.

Keeling C D. 1958. The concentration and isotopic abundances of atmospheric carbon dioxide in rural areas. Geochim Cosmochim Ac, 13: 322-334.

Majoube M. 1971. Fractionnement en oxygene-18 et deuterium entre l'eau et sa vapeur. J Chem Phys, 68: 1423-1436.

Moreira M Z, Sternberg L S L, Martinelli L A, et al. 1997. Contribution of transpiration to forest ambient vapour based on isotopic measurements. Global Change Biol, 3: 439-450.

Rozanski K, Araguás L, Gonfiantini R. 1993. Isotopic patterns in modern global precipitation. In: Anon. Continental isotope indicators of climate. Washington DC: American Geophysical Union Monograph, 1-36.

Tsujimura M, Sasaki L, Yamanaka T, et al. 2007. Vertical distribution of stable isotopic composition in atmospheric water vapor and subsurface water in grassland and forest sites, eastern Mongolia. J Hydrol, 333: 35-46.

Wang X F, Yakir D. 2000. Using stable isotopes of water in evapotranspiration studies. Hydrological Processes, 14: 1407-1421.

Williams D G, Cable W, Hultine K, et al. 2004. Evapotranspiration components determined by stable isotope, sap flow and eddy covariance techniques. Agr Forest Meteorol, 125: 241-258.

Yakir D, Wang X. 1996. Fluxes of $CO_2$ and water between terrestrial vegetation and the atmosphere estimated from isotope measurements. Nature, 380: 515-517.

Yepez E A, Williams D G, Scott R L, et al. 2003. Partitioning overstory and understory evapotranspiration in a semiarid savanna woodland from the isotopic composition of water vapor. Agr Forest Meteorol, 119: 53-68.

# 第12章 基于遥感技术的
## 蒸散发反演理论与方法
### Estimation of evapotranspiration by remote sensing

蒸散发取决于许多相互作用过程，如大气条件、土壤特性、植被几何结构和生长状况等，并且它在时间与空间上变化很大。因此，蒸散发的定量估算比较困难。在小空间尺度下（如小于1km），蒸散发可通过地面观测获得，或通过气象学方法比较准确地观测。随着空间尺度的增加，如流域、区域、全球尺度下，通常没有足够多的地面观测，而气象学方法不容易在空间上扩展，虽然水量平衡法能够计算大面积的蒸散发量，但时间尺度较长（一般以年为周期），且结果是平均值。获取蒸散发在空间上的分布信息，是多年来一个亟待解决的科学问题。

20世纪70年代后期以来，随着卫星遥感技术的出现和发展，其宏观、快速、信息量大、连续性强的优点，使人们能够获取地球表面的丰富信息，为大尺度陆面蒸散发的定量估算带来了新的希望。卫星传感器获得的信号是具有地理空间信息的电磁辐射，经遥感成像过程形成图像数据，客观反映了地表信息的空间分布特征，这些信号经过特定方法处理后可获得反映地表状态的某些参数（如植被覆盖状态、地表温度等），代表一定面积（与传感器空间分辨率有关）内该参数的空间统计平均值。尽管遥感技术不能直接观测蒸散发，但多时相、多光谱及不同空间分辨率的遥感资料能够客观反映出地球表面的几何结构和湿热状况，特别是热红外遥感能够比较客观地反映出近地层湍流热通量大小和下垫面的干湿差异，可利用遥感数据反演控制蒸散发的重要变量，进而估算蒸散发。

基于遥感技术的蒸散发估算模型，大致可分为三类：经验统计回归方法、基于地表能量平衡方程的估计模型、考虑土壤-植被-大气连续体（soil-plant-atmosphere continuum）的陆面过程模型。本节介绍以下几类。

## 12.1 经验统计回归模型

经验统计模型（empirical model，包括半经验统计模型）主要是将通量观测数据与遥感反演结果相结合，利用已有的观测结果拟合能量通量与遥感反演参数的关系，再计算区域的潜热通量。最具代表性的经验模型是根据瞬时辐射温度（instantaneous radiometric temperature）（通常为正午时刻的值，如13时或14时）和气温求算蒸散发量，其先驱之一是Jackson等（Jackson et al., 1977）。该模型的前提是假设显热通量与净辐射之比在一天中始终等于一个常数，并且在日尺度上土壤热通量可以忽略不计，其算法可用数学公式表示为（Jackson et al.，1977）

$$LE_d = R_{n,d} - A - B\,(T_{rad,i} - T_{a,i}) \tag{12-1}$$

式中，下标 $d$ 和 $i$ 分别为日尺度和瞬时尺度；$A$ 和 $B$ 为经验系数；$T_{rad}$ 为地表辐射温度（可通过遥感手段计算）（K）；$T_a$ 为气温（K）；$R_n$ 为太阳净辐射（W/m²）。

统计经验方法相对简单，所需参数较少，但具有很强的区域局限性。近年来，经验模型促进了地表温度–植被指数特征空间关系模型的发展。该方法基于地表辐射温度（$T_{rad}$）与植被指数（主要是归一化植被指数 NDVI）具有显著负相关性，认为在 $T_{rad}$ 与 NDVI 散点的空间分布图中，总能找出两者的最大、最小阈值，在此基础上产生一个多边形，用其斜率反映阻抗的大小与地表湿度状况，依此构建蒸散发与 $T_{rad}$、NDVI 之间的关系模型。这类模型主要有三角形法（triangle method）和四边形法（trapezoidal method）。

地表温度–植被指数特征空间关系模型考虑了植被与土壤水分状况，从而有可能获得更为准确的蒸散发结果。但是，这种方法在寻找阈值时（确定多边形的边界），要求有足够多的散点以使其能够代表研究区中土壤湿度与植被盖度的真实状况，如必须包括干燥的裸土、湿润裸土、水分限制的植被及水分充分供应的植被，并且要求这些散点来源于地形平坦的下垫面，这从某种程度上限制了该方法的应用（Carlson，2007）。此外，在阈值选择时不可避免地会具有一定的经验性（人的主观性）。

## 12.2 基于地表能量平衡方程的估算模型

以地表能量平衡方程（式 9-1）为基础的蒸散发估算模型，包括两大类：一类是以计算显热（$H$）为核心的"余项法"；另一类是不需计算显热的三温模型。

### 12.2.1 余项法

在不考虑平流作用和生物体内蓄水情况下，将潜热通量作为能量平衡方程的余项进行估算。具体步骤如下，首先利用遥感数据反演辐射通量、土壤热通量和显热通量，然后推算蒸散发量。其中，显热通量估算是余项法的核心内容。阻抗是影响显热通量的重要参数，在遥感应用中，阻抗沿用 Penman-Monteith 公式中表面阻抗的概念，这使得很难利用明确的机理性公式来描述"表面阻抗"，因为它代表下垫面各部分的综合阻抗。目前，余项法大致可分为单层模型和双层模型。

**(1) 单层模型**

单层模型把土壤和植被作为一个水、热通量源，对陆地表面过程进行高度简化，忽略了下垫面的次级结构和特征，将土壤和植被的混合像元作为一张大叶子处理，因而也称大叶模型（big leaf model）。单层模型的代表有 SEBAL（surface energy balance algorithm for land）（Bastiaanssen et al.，1998a，1998b）及基于类似原理的 METRIC（mapping evapo transpiration at high resolution and internalized calibration）模型（Allen et al.，2007）、SEBS（surface Energy balance System）（Su，2002）等。

单层模型对下垫面的假设非常理想化（单一、均匀），在实际应用中很难满足该条件，仅适合在植被覆盖茂密、下垫面均一的地区应用，但在植被稀疏的地区往往会产生严重误差（Kustas and Daughtry，1990；Anderson et al.，1997；Verhoef et al.，1997）。

**(2) 双层模型**

双层模型是单层模型的升华，它针对稀疏植被条件下，叶片下层土壤裸露的实际情况，同时考虑了植被、土壤对冠层总能量的贡献。根据双层模型中对能量交换机制假设的不同，可以分为系列模式（Series Model）、补丁模式（Patch Model）、平行模式（Parallel Model）双层模型。

系列模式认为整个植被冠层的湍流通量分别来自植被冠层及其下方的土壤，土壤和植被冠层通量是互相叠加的，共同影响冠层内部的微气象特性，这些微气象特性又反作用于土壤和植被冠层通量。下层的水汽与热量只能通过植被顶层才能离开（或顶层的水汽与热量只能通过植被进入后才能到达土壤）。因此整个植被冠层释放或吸收的总通量是各分通量之和。典型代表有 Shuttleworth 和 Wallance（1985）提出的模型。

补丁模式认为植被像补丁一样缀在土壤表面，植被冠层与土壤是相互并列的斑块，两者之间的能量通量相互独立、无相互作用，各自与大气直接发生交换（Blyth and Harding，1995；Lhomme and Chehbouni，1999），系统的总能量通量不是简单的相加，而是土壤、植被中能量通量的面积权重之和。

平行模式认为植被冠层与土壤是分别独立与大气进行能量交换的，二者的能量通量是相互平行的，系统的总能量通量是两者之和。典型代表有 Norman 等（1995）提出的 N95 模型。

在三类双层模型中，系列模式对微气象过程的描述可能更加精确，因此也导致了一些参数（如阻抗）难以用机理性的公式描述，以及求解烦琐、复杂。平行模式不考虑土壤和冠层通量之间的交互作用，简化了能量传输过程，在植被稀疏且分布不均匀时，地表蒸发与冠层蒸腾在中等风速下只有微弱的耦合关系。平行模式双层模型更有助于遥感应用，且更易求解。补丁模式也简化了能量传输过程，较系列模式简单，但由于该模式将土壤与植被看作斑块（且植被斑块占优势），在部分植被覆盖下可能不适用。

## 12.2.2　三温模型

Qiu et al.（1996a，1996b，1998）基于能量平衡方程和田间观测实验，推导出了不含空气动力学阻抗的三温模型。在此基础上，Xiong 和 Qiu（2011）对三温模型进行了拓展，实现了模型的遥感应用（简称 3T-R 模型），其数学表达式为

$$LE_s = R_{n,s} - G_s - (R_{n,sd} - G_{sd}) \frac{T_s - T_a}{T_{sd} - T_a} \quad \text{NDVI} \leqslant \text{NDVI}_{min} \quad (12\text{-}2)$$

$$LE_c = R_{n,c} - R_{n,cp} \frac{T_c - T_a}{T_{cp} - T_a} \quad \text{NDVI} \geqslant \text{NDVI}_{min} \quad (12\text{-}3)$$

$$L(\text{ET}) = LE'_s + LE'_c$$
$$L(\text{ET}) = (1-f) LE'_s + f LE'_c \quad \text{or} \quad \text{NDVI}_{min} < \text{NDVI} < \text{NDVI}_{max} \quad (12\text{-}4)$$

$$T_{sd} = \frac{R_{n,s} - G_s}{\rho_{av} C_p} r_a + T_a \quad (12\text{-}5)$$

$$T_{cp} = \frac{R_{n,c}}{\rho_{av} C_p} r_a + T_a \quad (12\text{-}6)$$

$$R_{n,r} = f(R_{swd}, \alpha_r, \varepsilon_r, T_r, T_a) \quad (12\text{-}7)$$

$$G_{sd} = f(R_{n,sd}) \quad (12\text{-}8)$$

式（12-2）是纯净土壤像元的蒸发子模型，式（12-3）是纯净植被像元的蒸腾子模型，式（12-4）是混合像元的蒸散发子模型，式（12-2）~式（12-4）是三温模型的核心。式（12-6）~式（12-8）是获取三温模型中参考参数的方法。式中，$L$ 为水的汽化潜热系数；$E_s$ 为土壤蒸发（mm）；$R_{n,s}$ 为土壤吸收的太阳净辐射（W/m²）；$G_s$ 为土壤热通量（W/m²）；$R_{n,sd}$ 为参考土壤吸收的太阳净辐射（W/m²）；$G_{sd}$ 为参考土壤热通量（W/m²）；$T_s$ 为土壤温度（K）；$T_{sd}$ 为参考土壤温度（K）；$T_a$ 为气温（K）；$E_c$ 为植被蒸腾（mm）；$R_{n,c}$ 为植被吸收的太阳净辐射（W/m²）；$R_{n,cp}$ 为参考植被吸收的太阳净辐射（W/m²）；$T_c$ 是植被冠层温度（K）；$T_{cp}$ 为参考植被温度（K）；ET 为混合像元的蒸散发（mm）；$E'_s$ 和 $E'_c$ 分别为混合像元中的土壤蒸发与植被蒸腾（mm）；$\rho_{air}$ 为空气密度（kg/m³）；$C_p$ 为空气定压比热 [mJ/（kg·℃）]；$r_a$ 为空气动力学阻抗（s/m）；$R_{n,r}$ 为参考面吸收的太阳净辐射；$R_{swd}$ 为短波辐射（W/m²）；$T_r$ 为参考温度（K）；$\alpha_r$ 和 $\varepsilon_r$ 分别为参考面的反照率和比辐射率，均为常数（Xiong and Qiu，2011）。

针对参考温度遥感应用时又引入阻抗的问题，Xiong 和 Qiu（2014）改进了参考土壤温度和参考植被温度的算法，简称 3T-S 模型。

$$T_{sd} = T_{s,max} = \max((T_{s1},\ T_{s2},\ \cdots),\ (T_{s,mix1},\ T_{s,mix2},\ \cdots)) \qquad (12\text{-}9)$$

$$T_{cp} = T_{c,max} = \max((T_{c1},\ T_{c2},\ \cdots),\ (T_{c,mix1},\ T_{c,mix2},\ \cdots)) \qquad (12\text{-}10)$$

$$T_{mixi} = f(T_{s,mixi},\ T_{c,mixi}) \qquad (12\text{-}11)$$

式中，$T_{si}$ 和 $T_{ci}$ 分别为纯净土壤像元和纯净植被像元的温度（$i = 1,\ 2,\ 3,\ \cdots$）；$T_{s,mixi}$ 和 $T_{c,mixi}$ 为从混合像元温度（$T_{mixi}$）分离的土壤温度和植被温度，单位均为 K。

三温模型反演的瞬时蒸散发，可利用式（12-12）转换为日尺度结果（Jackson et al., 1983）。

$$ET_d = \frac{2N(ET_i)}{\pi\sin(\pi t/N)} \qquad (12\text{-}12)$$

式中，$ET_d$ 为日蒸散发（mm/d）；$ET_i$ 为瞬时蒸散发（mm/h）；$N$ 为日照时数（h）；$t$ 为从日出到卫星过境时的时差。

# 参 考 文 献

Allen R G, Tasumi M, Trezza R. 2007. Satellite-based energy balance for Mapping evapotranspiration with internalized calibration (METRIC) -Model. J Irrig Drain E, 133: 395-406.

Anderson M C, Norman J M, Diak G R, et al. 1997. A two-source time-integrated model for estimating surface fluxes using thermal infrared remote sensing. Remote Sens Environ, 60: 195-216.

Bastiaanssen W G M, Menenti M, Feddes R A, et al. 1998a. A remote sensing surface energy balance algorithm for land (SEBAL) 1. Formulation. J Hydrol, 212-213: 198-212.

Bastiaanssen W G M, Pelgrum H, Wang J, et al. 1998b. A remote sensing surface energy balance algorithm for land (SEBAL) 2. Validation. J Hydrol, 212-213: 213-229.

Blyth E M, Harding R J. 1995. Application of aggregation models to surface heat flux from the Sahelian tiger bush. Agr Forest Meteorol, 72: 213-235.

Carlson T. 2007. An Overview of the triangle method for estimating surface evapotranspiration and soil moisture from satellite imagery. Sensors, 7: 1612-1629.

Jackson R D, Hatfield J L, Reginato R J, et al. 1983. Estimation of daily evapotranspiration from one time-of-day measurements. Agr Water Manage, 7: 351-362.

Jackson R D, Reginato R J, Idso S B. 1977. Wheat canopy temperature: a practical tool for evaluating water requirements. Water Resour Res, 13: 651-656.

Kustas W P, Daughtry C S T. 1990. Estimation of the soil heat flux/net radiation ratio from spectral data. Agr Forest Meteorol, 49: 205-223.

Lhomme J P, Chehbouni A. 1999. Comments on dual-source vegetation-atmosphere transfer models. Agr Forest Meteorol, 94: 269-273.

Norman J M, Kustas W P, Humes K S. 1995. Source approach for estimating soil and vegetation energy fluxes in observations of directional radiometric surface temperature. Agr Forest Meteorol, 77: 263-293.

Qiu G Y, Momii K, Yano T. 1996a. Estimation of plant transpiration by imitation leaf temperature I. Theoretical consideration and field verification. Transaction of the Japanese Society of Irrigation, Drainage and Reclamation Engineering, 64: 401-410.

Qiu G Y, Yano T, Momii K. 1996b. Estimation of plant transpiration by imitation leaf temperature II. Application of imitation leaf temperature for detection of crop water stress. Transaction of the Japanese Society of Irrigation, Drainage and Reclamation Engineering, 64: 767-773.

Qiu G Y, Yano T, Momii K. 1998. An improved methodology to measure evaporation from bare soil based on comparison of surface temperature with a dry soil. J Hydrol, 210: 93-105.

Shuttleworth W J, Wallance J S. 1985. Evaporation from sparse crops-an energy combination theory. Q J RoyMeteor Soc, 111: 839-855.

Su Z. 2002. The Surface Energy Balance System (SEBS) for estimation of turbulent heat fluxes. Hydrol Earth Syst Sc, 6: 85-99.

Verhoef A, De Bruin H A R, Van Den Hurk B. 1997. Some practical notes on the parameter $kB^{-1}$ for sparse vegetation. J Appl Meteorol, 36: 560-572.

Xiong Y J, Qiu G Y. 2011. Estimation of evapotranspiration using remotely sensed land surface temperature and the revised three-temperature model. Int J Remote Sens, 32: 5853-5874.

Xiong Y J, Qiu G Y. 2013. Simplifying the revised three-temperature model for remotely estimating regional evapotranspiration and its application to a semi-arid steppe. Int J Remote Sens, 35 (6): 2003-2027.

# 第13章│ 研究案例1：波文比方法
# 在内蒙古草原蒸散发观测中的应用
## Case study 1：estimation of steppe evapotranspiration by bowen ratio method in Inner Mongolia，China

　　谢芳等（2010）于2008~2009年在内蒙古进行了波文比法蒸散发连续观测。在北京师范大学资源学院太仆寺旗农田-草地生态系统野外站附近选取农地、退耕草地和原生草地来研究退耕措施对研究区水分收支的影响。根据研究区特征，建立了三个观测区，共包含七类样地，同时在三个观测区分别架设了三套波文比观测系统（图13-1）。分别为：观测区1（农田-草地生态系统野外站原生草地1（native grassland 1，ND1）），观测塔1（Bowen ratio station 1）；观测区2（2000年退耕草地（grassland restored in 2000）与原生草地2（native grassland 2，ND2）），观测塔2（Bowen ratio station 2）位于2000年退耕草地上；观测区3

图 13-1　实验地分布图

资料来源：改自 Google Earth

Figure 13-1　Distribution of the study sites

From：revised from Google Earth

（2004 年退耕草地（grassland restored in 2004）、2006 年退耕草地（grassland restored in 2006）、农田（cropland，CD）），原生草地 3（native grassland 3，ND3），观测塔 3（Bowen ratio station 3）位于 2006 年退耕草地上，三个波文比观测系统的地理位置见表 13-1。

表 13-1　3 套波文比观测系统的地理位置

Table 13-1　Location of the three Bowen ratio systems

| 波文比观测系统 | 地理位置 | | |
|---|---|---|---|
| | 经度 | 纬度 | 高程/m |
| 观测塔 1 | 115°29′10. 11″E | 42°06′44. 65″N | 1383 |
| 观测塔 2 | 115°28′51. 70″E | 42°06′00. 00″N | 1398 |
| 观测塔 3 | 115°26′29. 20″E | 42°07′37. 30″N | 1399 |

　　研究区位于内蒙古自治区锡林郭勒盟西南部的太仆寺旗境内，是中国北方典型的干旱、半干旱农牧交错生态脆弱带，干旱少雨，年平均气温 1.6℃，极端最高气温为 34.5℃，极端最低气温为-35.7℃。多年平均绝对湿度 5.5 mm，相对湿度 61%。多年平均降水量 200~400 mm，年平均器皿蒸发量 1750~2150 mm，无霜期 100 天左右，年平均风速 3~5 m/s，全年 7 级以上大风日数为 20~80 天，且多集中于冬、春两季。太仆寺旗主要以典型草原为主，代表群系为大针茅草原和羊草草原。草原植被一般在 4 月底开始返青，而到秋季的 10 月初就开始枯黄，生长期约为 150 天，旱季生长期更短（焦燕等，2009）。土壤有机质含量低，土壤较贫瘠，质地较粗，颗粒组成以中粗砂为主（占 50% 以上），植被覆盖率较低。

　　在三个观测区分别选取有代表性、平坦的区域分别架设波文比观测场，如图 13-2 所示。三套波文比观测系统均于 2008 年 6 月搭建或改装完毕，用自动气象站来观测各研究区的基础气象数据，包括降水量、太阳辐射、光合有效辐射、净辐射、风速、风向、土壤热通量、温湿度。各传感器的具体信息见表 13-2。气象站采用太阳能驱动，利用数据采集仪（DT500 series 3，datataker，Australia）周年连续自动观测和记录，数据采样间隔 5s，每 10min 输出一次平均数据。

　　波文比能量平衡法的测量精度主要由波文比 $\beta$ 决定。日出、日落（$R_n-G$ 接近 0）或发生水平降水以及气温较低时，$\beta$ 值多无意义。这个问题在很多文献中已有过论证（Kalthoff et al.，2006；Richard et al.，2000；吴家兵等，2005）。因此在波文比值的取舍上，有人建议将-0.7 和-1.3 之间的值除去。也有人选择淘汰大于 10 以及小于-0.7 的值。Perez 等（1999）提出了结合温湿度传感器的精度来动态决定波文比取值范围的方法。结合净辐射和土壤热通量，分为五种筛选情况，见表 13-3。

图 13-2 波文比自动观测系统

Figure 13-2 Photograph showing a Bowen ratio system

**表 13-2 波文比系统及其观测参数**

**Table 13-2 Information of the Bowen ratio systems**

| 观测参数 | 仪器型号 | 安装高度/m |
|---|---|---|
| 风速和风向 | 05103, RM-YOUNG, USA | 2.00 |
| | 200-WS-02, NOVALYNX, USA | 1.50 |
| 空气温度和湿度 | 225-050YA, NOVALYNX, USA | 2.00, 1.50 |
| 降水量 | 7852M-AB, DAVIS, USA | 0.70 |
| 太阳辐射 | PYP-PA, APOGEE, USA | 2.00 |
| 有效辐射 | QSOA-S, APOGEE, USA | 2.00 |
| 净辐射 | 240-100, NOVALYNX, USA | 2.00 |
| 土壤热通量 | HFP01, HUKSEFLUX, USA | -0.05, -0.01 |

**表 13-3 波文比值的取舍条件**

**Table 13-3 Rules to select the Bowen ratio values**

| 条件 | 波文比值 |
|---|---|
| $R_n - G > 0$ and $\Delta e > 0$ | $\beta < -1 + \mid \varepsilon \mid$ |
| $R_n - G > 0$ and $\Delta e < 0$ | $\beta > -1 - \mid \varepsilon \mid$ |
| $R_n - G < 0$ and $\Delta e > 0$ | $\beta > -1 - \mid \varepsilon \mid$ |
| $R_n - G < 0$ and $\Delta e < 0$ | $\beta < -1 + \mid \varepsilon \mid$ |
| $T$、$e$ 剧烈变化时 | |

注：$R_n$、$G$ 和 $e$ 分别为净辐射、土壤热通量和空气湿度。

Note：$R_n$、$G$ and $e$ are net radiation, soil heat flux and air humidity.

误差值（$\varepsilon$）由下面的式子计算：

$$\varepsilon = \frac{\delta\Delta e - \gamma\delta\Delta T}{\Delta e} \tag{13-1}$$

式中，$\delta\Delta T$（K）和 $\delta\Delta e$（kPa）分别为温度和湿度的测量精度，$\gamma$ 为干湿表常数（kPa/℃）。

通过筛选计算，很多早春、晚秋、冬季，以及夜晚的数据不能用，所以本研究中主要选取生长季白天的数据进行分析。

受自然和人为因素的影响，在本次观测中有部分净辐射数据缺失。本文根据下面净辐射的经验公式，对缺失的数据进行补足。

$$R_n = (1-\alpha)\ R_s\downarrow + \varepsilon_a\sigma T_a^4 - \varepsilon_s\sigma T_s^4 \tag{13-2}$$

式中，$R_s$ 为太阳辐射（W/m$^2$）；$\varepsilon_a$ 为无云天气的大气有效发射率；$\varepsilon_s$ 为地表发射率；$T_a$ 为参考高度（一般距地面 2m）的空气温度（K）；$T_s$ 为地表辐射温度（K）；$\alpha$ 为地表反照率；$\sigma$ 为斯特藩-玻耳兹曼常数，$5.67\times10^{-8}$（W/（m$^2$·K$^4$））。利用地表净辐射与总辐射及其他参数（同期月平均气温、地面温度、相对湿度、降水量等）之间的关系，采用多元线性回归的方法来补充缺失的数据（刘新安等，2006；翁笃鸣和高庆先，1993；孟平等，2005）。考虑季节变化的影响，可以分季度来建立回归方程（任鸿瑞等，2006；Alados et al.，2003）。

根据不同时间数据缺失的具体情况，本文选用以下两种方法进行数据补充。方法1，用两个塔对应时间的净辐射按季节建立回归方程，来推求其中一个塔的净辐射；方法2，用一个塔的净辐射与其同期的总辐射、土壤热通量、气温、实际水汽压按季节建立多因子逐步回归方程来推求未观测到的净辐射值。收集到的数据为2008年6月~2009年10月，考虑季节天气变化的特点，分季节建立回归，3月、4月、5月分别对应11月、10月、9月，6~8月为一组，12月、1月、2月为一组。

对于净辐射相互补充法，在验证上采用2008年12月观测塔2和观测塔3的实测净辐射（$R_{n2}$ 与 $R_{n3}$）建立回归方程，利用2009年1月的实测净辐射 $R_{n2}$ 该回归方程，预测同期观测塔3的净辐射值，再用对应的实测值（$R_{n3}$）来检验回归效果。方法1的预测值与实测值的平均绝对误差为 8.5 W/m$^2$，平均相对误差为0.05，二者的散点图如图13-3（a）所示。

为验证多因子逐步回归方法的精度，我们用2008年8月观测塔3的净辐射与总辐射、土壤热通量、气温、实际水汽压建立逐步回归方程，利用2009年8月观测塔3对应的实测数据代入该回归方程计算出 $R_{n3}$ 的预测值，再与同期的 $R_{n3}$ 实测值进行对比。方法2的预测值与实测值的平均绝对误差为 24.6 W/m$^2$，平均相对误差为0.17，二者的散点图如图13-3（b）所示。

结果表明，两种补充方法均能到达精度要求，其中净辐射相互补充法的精度大于多因子逐步回归法，所以在实际计算中优先考虑用两个观测塔已有的净辐射

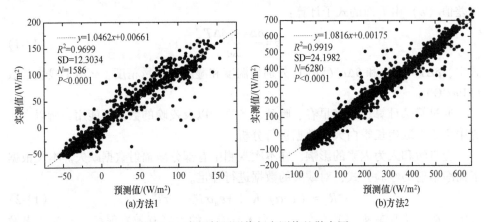

图 13-3　净辐射预测值与实测值的散点图

Figure 13-3　Comparison of net radiation values between estimated and observed

进行相互补充，条件不足的部分选用多因子回归法。

图 13-4 表示的是 2008 年和 2009 年的波文比的月均值，通过分析发现生长季中期 6~8 月波文比最低，初期与末期波文比相对较高。2006 年退耕草地的波文比（$\beta_3$）最高，其次为 2000 年退耕草地的波文比（$\beta_2$），原生草地 1（ND1）的波文比（$\beta_1$）值最小。Kalthoff 等（2006）通过总结前人的结果，得出干旱区的"绿洲效应"条件，即在绿洲或灌溉地，其波文比可以达-0.26，而潜热通量甚至超过了净辐射的情况。而在典型干旱地区，波文比值却可达 10 以上（Kalthoff et al.，2006）。在 2008 年，ND1、2000 年退耕地和 2006 年退耕地在生长季中期的波文比平均值分别为 0.04、0.2 和 0.6，ND1 更接近"绿洲效应"。

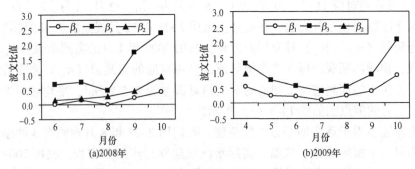

图 13-4　观测期波文比月均值

注：$\beta_1$ 为 ND1 的波文比；$\beta_2$ 为 2000 年退耕草地的波文比；$\beta_3$ 为 2006 年退耕草地的波文比。

Figure 13-4　Monthly mean Bowen ratio values

Note：$\beta_1$ is Bowen ratio value of native grassland 1；$\beta_2$ is Bowen ratio value of grassland restored in 2000；$\beta_3$ is Bowen ratio value of grassland restored in 2006.

而在 2009 年，ND1 生长季中期的波文比平均值为 0.2，2006 年退耕草地为波文比 0.5，可见原生草地受降水减少的影响而波文比增大，而退耕草地变化不大。

朱治林等（2002）对中国科学院内蒙古草原生态系统定位研究站的恢复性沙地针茅和冷蒿草地开展研究，用波文比法测算出 1998 年（丰水年）5~8 月的日波文比平均值分别为 1.26、1.42、0.41、0.2（朱治林等，2002）。Hao 等（2008）对锡林河流域草地 2004 年（丰水年）的波文比进行了计算，得出生长季初期波文比在 1.95~1.07，生长季中期在 0.49~0.93，然而在干旱的 2005 年，波文比值普遍大于 1（Hao et al.，2008）。在本研究中，2008 年（平水年）6~8 月的波文比值在三个样地均有差别，ND1 分别为 0.008、0.13、-0.01；2000 年退耕地分别 0.14、0.19、0.27；2006 年退耕地分别为 0.67、0.73、0.47。可见，除 2006 年退耕草地外，另两个样地的波文比值均较小。

将测算的波文比、净辐射等参数带入波文比能量平衡法，可计算出蒸散发。图 13-5 是 2008 年和 2009 年三个退耕草地的日蒸散发变化及其相应的降水量。日蒸散发量大致在 1.0~4.0 mm/d。

Hao 等（2007，2008）分析了内蒙古锡林河流域羊草草原丰水年和干旱年的蒸散发数据，丰水年的最大日蒸散发量为 4 mm/d，而干旱年的最大日蒸散发量为 3.3 mm/d。Miao 等（2009）采用涡度相关法测得内蒙古多伦典型草原丰水年的最大日蒸散发量为 5.69 mm/d，生长季蒸散发量变化范围为 0.2~5.69 mm/d。宋炳煜（1995）采用土柱称重法测得羊草草原的最大日蒸散发量为 6.3 mm/d。2008 年生长季 6~10 月，ND1 的最大日蒸散发量为 4.6 mm/d，2000 年退耕地最大为 4.5 mm/d，2006 年退耕地最大为 4.8 mm/d；ND1 的平均日蒸散发量为 2.5 mm/d，2000 年退耕地平均为 2.0 mm/d，2006 年退耕地平均为 1.8 mm/d。三个样地的最大日蒸散发量大致相当，结果与其他文献的观测值相差不大。但是蒸散发量的平均值会随着退耕年龄的减少而减少。2009 年生长季 4~10 月，ND1 的最大日蒸散发量为 5.0 mm/d，2006 年退耕地最大为 5.7 mm/d；ND1 的平均日蒸

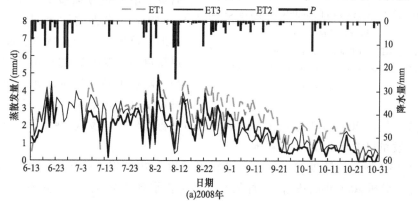

(a)2008年

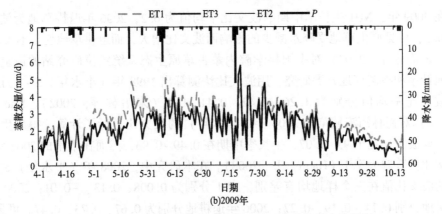

图 13-5　2008 年和 2009 年三个样地的日蒸散发量变化情况

注：ET1 为 ND1 的蒸散发量；ET2 为 2000 年退耕草地蒸散发量；ET3 为 2006 年退耕草地

蒸散发量；P 为降水量。

Figure 13-5　Changes of the daily evapotranspiration for the three study sites in 2008 and 2009

Note：ET1 is ET of natural grassland 1；ET2 is ET of grain for green in 2000；ET3 is ET of grain

for green in 2006；P：precipitation.

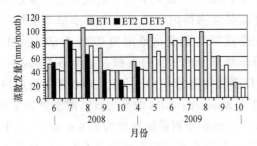

图 13-6　不同样地蒸散发月变化

注：ET1 为 ND1 的蒸散量；ET2 为 2000 年退耕草
地蒸散量；ET3 为 2006 年退耕草地蒸散量。

Figure 13-6　Changes of monthly evapotranspiration
for the three study sites

Note：ET1 is ET of natural grassland 1；ET2 is ET
of grain for green in 2000；ET3 is ET of grain for
green in 2006.

散发量为 2.5 mm/d，2006 年退耕地平均为 2.1 mm/d。2009 年研究区的总降水量小于 2008 年，从平均日蒸散发的数据来看，2009 年 ND1 的结果与 2008 年的结果类似，而 2006 年退耕草地的结果却大于 2008 年的数据。

由图 13-6 可以发现，整体上研究区 6~8 月日蒸散发量最大，8 月后日蒸散发量逐渐减少。原生草地 1（ND1）的蒸散发量最大，2000 年退耕草地（2000）次之，2006 年退耕草地（2006）的日蒸散发量最小。随着退耕年限的增加，日蒸散发量呈增大的趋势。由于部分数据

的缺失，使得 2009 年的数据不齐，通过已有数据比较可以发现 2000 年退耕草地的蒸散发量仍大于 2006 年退耕地。

图 13-6 所示的是 2008 年 6 月中旬至 10 月以及 2009 年 4 月至 10 月的月蒸散发量数据。分析 2008 年的数据，7 月和 8 月是生长季蒸散发量最大的月份，ND1 和

2006 年退耕草地均在 8 月达到月蒸散发最大值，之后减少。2000 年退耕草地在 6 月和 7 月蒸散发量大致与 ND1 相当，而 7 月后蒸散发量则开始减少。生长季后期，ND1 在 9 月份的月蒸散发量约为 70 mm，而 2000 年和 2006 年退耕草地则减少到 40 mm 左右。

从 2009 年的数据来看，月蒸散发总量仍与 2008 年大致相当。随着天气的转暖，植被的返青，ND1 的日蒸散发增长较快，到 6 月达到最大值，之后由于降水的减少，7 月和 8 月的蒸散发量开始减少，但其结果总体仍与 2008 年相当。到 9 月和 10 月，ND1 的蒸散发量则明显减少，且小于 2008 年的结果。2006 年退耕地在 2009 年的月变化仍然是正态分布，7 月具有月蒸散发量的最大值，且从整体看，月蒸散发量的结果均大于 2008 年的数据，与 ND1 的蒸散发量差距开始减少。

# 参 考 文 献

焦燕, 赵江红, 徐柱. 2009. 内蒙古农牧交错带土地利用对土壤性质的影响. 草地学报, 17 (2)：234-238.

刘新安, 于贵瑞, 何洪林, 等. 2006. 中国地表净辐射推算方法的研究. 自然资源学报, 21 (1)：139-145.

孟平, 张劲松, 高峻. 2005. 果树冠层太阳总辐射与净辐射分形特征的相关分析. 林业科学, 41 (1)：1-4.

任鸿瑞, 罗毅, 谢贤群. 2006. 几种常用净辐射计算方法在黄淮海平原应用的评价. 农业工程学报, 22 (5)：140-146.

宋炳煜. 1995. 草原区不同植物群落蒸发蒸腾的研究. 植物生态学报, 19 (4)：319-328.

翁笃鸣, 高庆先. 1993. 总辐射与地表净辐射相关性的气候学研究. 南京气象学院学报, 16 (3)：288-294.

吴家兵, 关德新, 张弥, 等. 2005. 涡动相关法与波文比-能量平衡法测算森林蒸散的比较研究——以长白上阔叶红松林为例. 生态学杂志, 24 (10)：1245-1249.

谢芳. 2010. 半干旱区退耕草地水分收支的实验研究——以内蒙古太仆寺旗草原为例. 北京：北京师范大学硕士学位论文.

朱治林, 孙晓敏, 张韧华, 等. 2002. 内蒙古半干旱草原能量物质交换的微气象方法估算. 气候与环境研究, 7 (3)：351-358.

Alados I, Foyo-Moreno I, Olmo F J, et al. 2003. Relationship between net radiation and solar radiation for semi-arid shrub-land. Agr Forest Meteorol, 116：221-227.

Hao Y B, Wang Y F, Huang X Z, et al. 2007. Seasonal and interannual variation in water vapor and energy exchange over a typical steppe in Inner Mongolia, China. Agr Forest Meteorol, 146：57-69.

Hao Y B, Wang Y F, Mei X R, et al. 2008. $CO_2$, $H_2O$ and energy exchange of an Inner Mongolia steppe ecosystem during a dry and wet year. Acta Oecologica, 33：133-143.

Kalthoff N, Fiebig-Wittmaack M, Meißner C, et al. 2006. The energy balance, evapo-transpiration and nocturnal dew deposition of an arid valley in the Andes. J Arid Environ, 65：420-443.

Miao H X, Chen S P, Chen J Q, et al. 2009. Cultivation and grazing altered evapotranspiration and dynamics in Inner Mongolia steppes. Agr Forest Meteorol, 149：1810-1819.

Perez P J, Castellvi F, Ibañez M, et al. 1999. Assessment of reliability of Bowen ratio method for partitioning fluxes. Agr Forest Meteorol, 97：141-150.

Richard W T, Steven R E, Terry A H. 2000. The Bowen ratio-energy balance method for estimating latent heat flux of irrigated alfalfa evaluated in a semi-arid, advective environment. Agr Forest Meteorol, 103：335-348.

# 第14章 研究案例2：基于三温模型的蒸散发遥感反演研究

## Case study 2：estimation of evapotranspiration by three-temperatures model and thermal remote sensing

如前所述，遥感应用时，三温模型中的气温通常可由气象站点观测资料插值得到，净辐射、土壤热通量、地表温度、NDVI 等参数均可通过遥感数据直接或间接反演获得，且均有比较成熟的反演算法，可根据研究区的特征与数据的可获得性选择适当算法。本节案例研究中各输入参数的反演算法均相同，鉴于篇幅，文中未展开，具体可参见熊育久（2009）、Xiong 和 Qiu（2011）等文献。本节介绍三温模型在内蒙古草原、内陆河石羊河流域蒸散发监测方面的应用。

## 14.1 研究区概况

### 14.1.1 内蒙古半干旱草原

研究区位于内蒙古自治区锡林郭勒盟西南部的太仆寺旗境，实验设置、观测时间与上节一致，不再赘述。

### 14.1.2 甘肃典型内陆河——石羊河流域

石羊河流域处于甘肃省河西走廊东部，乌鞘岭以西，祁连山北麓，位于 $101°41' \sim 104°16'E$，$36°29' \sim 39°27'N$，总面积四万多平方公里。流域内有八条主要河流，自东向西分别为大靖河、古浪河、黄羊河、杂木河、金塔河、西营河、东大河、西大河，河流补给来源为山区大气降水和高山冰雪融水，属典型的内陆河流域。全流域可分为南部祁连山地，中部走廊平原区，北部低山丘陵区及荒漠区四大地貌单元。南部祁连山地，属高寒半干旱半湿润区，海拔 $2000 \sim 5000$ m，年降水量 $300 \sim 600$ mm，年蒸发量 $700 \sim 1200$ mm；中部走廊平原区，属温凉干旱区，海拔 $1500 \sim 2000$ m，年降水量 $150 \sim 300$ mm，年蒸发量 $1300 \sim 2000$ mm；北部低山丘陵区，属温暖干旱区，海拔 1300~1500 m，年降水量小于 150 mm；民勤北部接近腾格里沙漠边缘的荒漠区年降水量小于 50 mm，年蒸发量 2000~2600 mm。

观测地点位于流域下游民勤县境内（图 14-1），安装一套波文比系统，设置与太仆寺旗一致，不再赘述。波文比系统观测时间为 2010~2011 年。

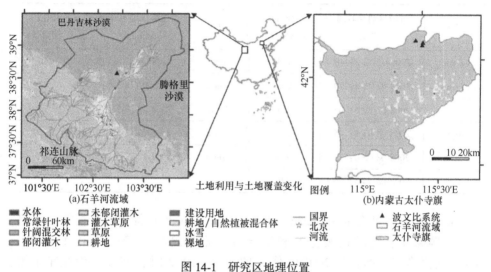

图 14-1　研究区地理位置

Figure 14-1　Location of the study areas

## 14.2　内蒙古半干旱草原的蒸散发

本研究中采用的遥感数据为 2008 年生长季受云影响较小的 MODIS L1B 影像（表 14-1）。在处理 MODIS L1B 数据时，提取反演中所需的 9 个波段（第 1~5、7、19、31、32 波段），以及太阳天顶角、经纬度等附加信息，利用 ENVI 软件中的 MODIS Conversion Toolkit 插件对数据投影转换，生成空间分辨率为 1km 的 UTM（WGS84、UTM zone 50N）影像。将 DEM 重采样到 1km 空间分辨率，投影到 UTM（WGS84、UTM zone 50N）坐标系。

3T-R 模型中所需的土壤表面温度与植被冠层温度可用下面的公式（Lhomme et al.，1994），从 MODIS 反演的地表温度求解。

$$T_{s,\mathrm{RS}} = fT_c + (1-f) T_Z$$
$$T_S - T_C = a (T_{s,\mathrm{RS}} - T_a)^m \tag{14-1}$$

式中，$T_{s, \text{RS}}$ 是遥感数据反演的地表温度（K）；$T_s$ 和 $T_c$ 分别是土壤表面温度和植被冠层温度（K）；$f$ 是植被盖度；$a$ 和 $m$ 是经验系数，取 $a = 0.1$、$m = 2$（Xiong and Qiu，2011）。

**表 14-1　采用的 MODIS L1B 影像信息**

**Table 14-1　Information of the adopted MODIS L1B data**

| 卫星 | 过境日期与时间（UTC） | DOY（儒略日） | 卫星 | 过境日期与时间（UTC） | DOY（儒略日） |
|---|---|---|---|---|---|
| Terra | 2008-07-12 3：40 | 194 | Terra | 2008-09-02 3：15 | 246 |
| Terra | 2008-07-23 3：20 | 205 | Terra | 2008-09-18 3：16 | 262 |
| Aqua | 2008-07-29 6：05 | 211 | Terra | 2008-10-03 2：30 | 277 |
| Aqua | 2008-08-03 4：45 | 216 | Terra | 2008-10-11 3：20 | 285 |
| Aqua | 2008-08-05 4：30 | 218 | Terra | 2008-10-12 2：25 | 286 |
| Aqua | 2008-08-14 5：20 | 226 | | | |

MODIS 地表温度采用 Sobrino 和 Raissouni（2000）提出的劈窗算法反演。纯净土壤像元、纯净植被像元和混合像元根据 Sobrino 等（2003）提出的 NDVI 阈值确定，即：当 MODIS 像元的 NDVI<0.2 时，该像元为纯净土壤；当 MODIS 像元的 NDVI>0.5 时，该像元为纯净植被；NDVI 介于 0.2~0.5 时为混合像元。

图 14-2 是 3T-R 模型反演的蒸散发结果。基于同期无云的 11 天 MODIS L1B 影像反演的蒸散发量，在 2008 年生长季的平均值、最大、最小值分别为 4.58 mm/d、9.03 mm/d、1.28 mm/d。在空间上：各天的蒸散发量分布相对均一，在生长季中 7 月、8 月、9 月各日的数值差异相对明显，但在 10 月份差异不大。这与草原下垫面相对均匀是一致的。从时间上：经统计，蒸散发量大致呈先增加再逐渐减小的趋势，即 7 月和 8 月是植被生长旺季，下垫面的蒸散发数值逐渐增大，在 8 月达最大值，然后随着生长季的结束逐渐减小。以波文比系统为中心，取 3×3 像元均值代表蒸散发反演结果，与波文比系统观测结果相比较，结果表明反演的蒸散发量与观测值之间的最小、最大绝对误差分别为 0.11 mm/d、1.64 mm/d，平均值绝对误差为 0.58 mm/d（图 14-3）（熊育久等，2012）。

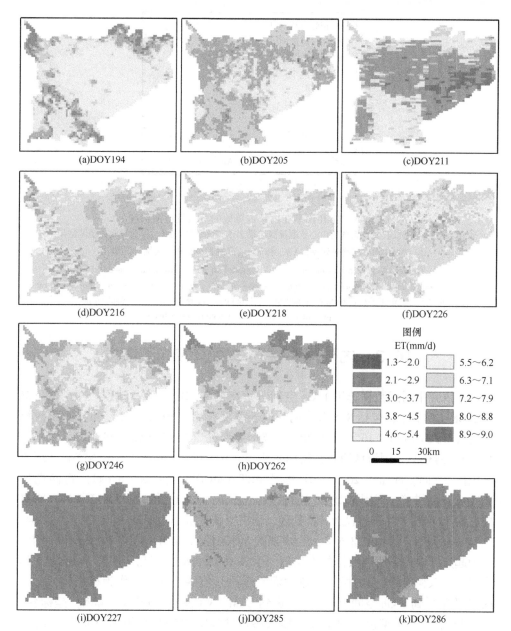

(a)DOY194     (b)DOY205     (c)DOY211

(d)DOY216     (e)DOY218     (f)DOY226

(g)DOY246     (h)DOY262

图例
ET(mm/d)

| | |
|---|---|
| 1.3～2.0 | 5.5～6.2 |
| 2.1～2.9 | 6.3～7.1 |
| 3.0～3.7 | 7.2～7.9 |
| 3.8～4.5 | 8.0～8.8 |
| 4.6～5.4 | 8.9～9.0 |

0　15　30km

(i)DOY227     (j)DOY285     (k)DOY286

图 14-2　内蒙古草原太仆寺旗 2008 年生长季日蒸散发反演结果（1km 空间分辨率）

Figure 14-2　Daily ET at 1 km resolution retrieved from the 3T-R model in 2008

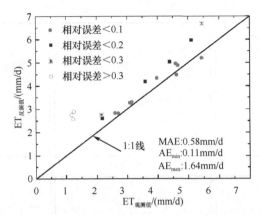

图 14-3    3T-R 模型在内蒙古草原的蒸散发反演精度

注：ET$_{反演值}$是以波文比系统为中心，取反演结果 3×3 像元均值；ET$_{观测值}$为波文比观测结果；

MAE 为平均绝对误差，AE$_{min}$和 AE$_{max}$分别为最小和最大绝对误差

Figure 14-3    Validation of the 3T-R model in Inner Mongolia grassland

Note：the modeled daily ET was averaged within block sizes of 3×3 pixels around the center of the Bowen ratio system, and AE and MAE are absolute error and mean absolute error, respectively. The subscripts "min" and "max" represent minimum and maximum, respectively

## 14.3    内陆河——石羊河流域的蒸散发

本研究中遥感数据选用 1 km 空间分辨率的 MODIS 产品（版本 5），时间覆盖 2008~2011 年，包括 8 天合成期的地表温度产品（MOD11A2）和叶面积指数产品（MOD15A2）、16 天合成期的植被指数产品（MOD13A2）和地表反照率产品（MCD43B3）。因流域跨带，需两景影像（h25v05、h26v05）。遥感数据处理程序包括（Xiong et al.，2013）：①利用 MRT（MODIS reprojection tool）将同期的 MODIS 产品拼接；②用 MCTK（MODIS conversion toolkit，依赖于 ENVI 软件）将拼接后的 MODIS 产品进行投影转换处理，输出空间分辨率为 1 km 的 UTM（WGS84、UTM zone 48N）影像；③对 8 天合成期的 MOD11A2、MOD15A2，以每年第一期产品为起点，取相邻两期数据的平均值，生成 16 天合成期产品。按照 MOD13A2 的合成期，取相应 16 天内民勤气象站观测气温日值的平均值，作为模型输入。将 DEM 重采样到 1 km 空间分辨率，投影到 UTM（WGS84、UTM zone 48N）坐标系。

利用 3T-S 模型反演蒸散发，输入参数的反演方法与利用 MODIS L1B 时一致，只是 MODIS 产品直接提供了部分参数（如地表温度、植被指数），不用再反演。此外，鉴于 MODIS 产品均来自晴空，是合成期内理想状态下（无云）的平均值，利用 3T-S 模型反演的"瞬时"蒸散发值，推算该时段的总蒸散发量时，应考虑云的影响。具体用下面的公式计算（Xiong and Qiu, 2010）。

$$ET_t = \sum a_i \ (n \cdot ET_{MODIS,i}) \tag{14-2}$$

$$a = \frac{D_{clear} + (n - D_{clear} - D_{cloud})(1-C)}{n} \qquad (14\text{-}3)$$

式中，$ET_t$ 是 $n$ 日的蒸散发总量（mm）；$ET_{MODIS,i}$ 是基于合成期为 $n$ 天的 MODIS 产品反演的蒸散发量（mm）；$a$ 是云量调节系数，与 $n$ 日内的晴空日数（$D_{clear}$）（d）、阴天日数（$D_{cloud}$）（d）、总云量（$C$）有关。

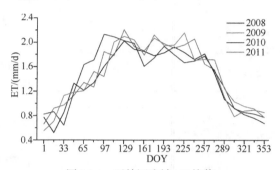

图 14-4　石羊河流域 ET 均值

Figure 14-4　Mean ET in Shiyanghe River Basin for
each 16-day, and DOY is the day of year.

反演的"瞬时"蒸散发（16 均值）如图 14-4 所示，年内变化趋势（先增加后降低）与实际相吻合。与波文比系统观测数据相比，反演结果接近观测值，平均绝对误差为 0.24 mm/d（图 14-5）。流域年尺度的结果如图 14-6 所示，2008

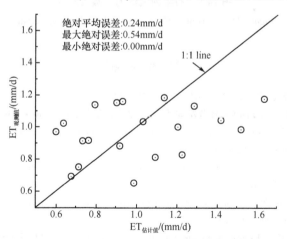

图 14-5　1 km 空间尺度下 3T-S 模型蒸散发反演精度
注：$ET_{Estimate}$ 是以波文比系统为中心，取反演结果 3×3 像元均值；$ET_{Observed}$ 是波文比观测结果；对比数据为 2010～2011 年 DOY129～DOY273 每 16 天均值。

Figure 14-5　Comparison of the estimated and observed ET

Note：observation was performed in the growing seasons of 2010 and 2011 by using Bowen ratio system.
Estimated ET was the average of a block size of 3×3 pixels located at the center of the Bowen ratio
system in day of year 129-273, while the observed ET was the mean value of ET in the same period.

~2011 年流域的蒸散发均值分别为：313 mm、330 mm、320 mm 和 331 mm，空间上均为南部山区蒸散发最大，逐渐向北递减，荒漠地区蒸散发最小。

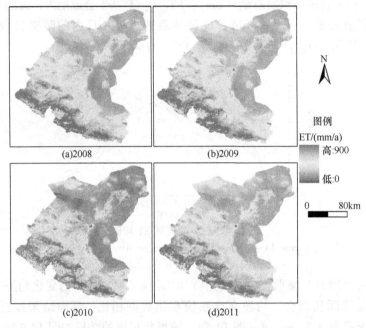

图 14-6　石羊河流域的年蒸散发量

Figure 14-6　Annual ET map of Shiyanghe River Basin

# 参 考 文 献

熊育久，邱国玉，陈晓宏，等．2012. 三温模型与 MODIS 影像反演蒸散发．遥感学报，16（5）：969-985.

熊育久．2009. 基于地表温度的区域蒸散发模型研究．北京：北京师范大学博士学位论文．

Lhomme J P, Monteny B, Amadou M. 1994. Estimating sensible heat flux from radiometric temperature over sparse millet. Agr Forest Meteorol, 68：77-91.

Sobrino J A, Kharraz J EL, Li Z L. 2003. Surface temperature and water vapour retrieval from MODIS data. Int J Remote Sens, 24：5161-5182.

Sobrino J A, Raissouni N. 2000. Toward remote sensing methods for land cover dynamic monitoring：Application to Morocco. Int J Remote Sens, 21：353-366.

Xiong Y J, Qiu G Y. 2011. Estimation of evapotranspiration using remotely sensed land surface temperature and the revised three-temperature model. Int J Remote Sens, 32：5853-5874.

Xiong Y J, Qiu G Y. 2010. Using MODIS land products to estimate regional evapotranspiration. Proceedings 2010 IEEE International Geoscience and Remote Sensing Symposium（IGARSS）, 3882-3885.

# 第四篇 蒸散发、水循环和城市热环境

# Evapotranspiration, water cycle and urban thermal environment

　　水分循环是指地球上的水通过连续不断地变换地理位置和物理形态（相变）的运动过程。地球上的水包括海洋中的水、陆地上的水、大气中的水以及地下水等，以气态、液态和固态形式存在。水循环可以描述为以下过程：在太阳辐射能的作用下，水汽从海陆表面蒸发，上升到大气中，随着大气运动，并在一定的热力条件作用下，凝结为液态水降落至地球表面。其中，一部分降水可被植被拦截后散发，返回大气。降落到地面的水可以形成地表径流，渗入地下的水一部分以表层壤中流和地下径流的形式进入河道，成为河川径流的一部分；一部分深入地下，成为储于地下的水（地下水）。一部分地下水上升至地表供蒸发，一部分向深层渗透，在一定的条件下溢出成为不同形式的泉水；地表水和返回地面的地下水，最终都流入海洋或蒸发到大气中。

　　蒸散发是水循环中最重要的环节之一，也是地表能量收支的重要组成部分。液态水在吸收大量能量后蒸发，以水汽的形式进入大气并随大气活动而运动。大气中的水汽主要来自海洋，一部分来自大陆表面的蒸散发。大气层中水汽的循环是蒸发—凝结—降水—蒸发的周而复始的过程。海洋上空的水汽可被输送到陆地上空凝结降水，称为外来水汽降水；大陆上空的水汽直接凝结降水，称内部水汽降水。一地总降水量与外来水汽降水量的比值称该地的水分循环系数。全球的大气水分交换的周期为 10 天。在水循环中水汽输送是最活跃的环节之一。

　　全球尺度范围内，水体蒸发与地表降水量几乎持平，但是具体而言蒸发量与降水量的比例却因地区地理性质的不同而千差万别。蒸发在海洋的上空比降雨更为普遍；而陆地范围上的降雨量通常多于蒸发量。海洋蒸发的水汽大多数又落回海洋表面形成降雨，只有大约 10% 的水汽被传输到陆地上空并形成降雨。

　　我国的大气水分循环路径有太平洋、印度洋、南海、鄂霍茨克海及内陆等 5个水分循环系统。它们是中国东南、华南、东北及西北内陆的水汽来源。在西北内陆地区还有盛行西风和气旋东移而来的少量大西洋水汽。

在蒸散发过程中，潜热吸热作用能大量吸收环境中的热量，从而使环境温度显著降低，缓解城市热岛引起的温度升高问题。在温度高湿度低的气候区，简易的蒸发冷却机（evaporator cooler）能够将周围的空气温度降低20度，同时增加周边空气的湿度。虽然蒸发降温在气候湿润区域产生的降温效果不佳，但是在干旱区域能产生很强的降温效果。小规模的简易蒸发装置能够对其周边的微气候产生降温效果。随着全球变暖和城市化引起的热岛问题日益凸显，蒸散发和水分循环对热环境的缓解效应越来越受到学者的广泛关注。近年来，城市化速度的加快使作为城市热环境主要问题的城市热岛效应日益明晰。城市热岛效应影响人类的生活质量，甚至威胁人们的生存安全，而大规模的水体与植物蒸散则能够对城市热岛效应的缓解做出相应贡献。本章从介绍城市热岛效应和城市水循环与水系统入手，分析在蒸散发和水分循环的作用下，水体、植被以及作为植被特殊形式存在的绿色屋顶对城市热岛效应的缓解作用。

# 第15章 城市化与城市热岛效应
## Urbanization and effect of urban heat island

## 15.1 城市热岛效应

城市热岛（urban heat island，UHI）是指城市或城市的一部分温度比周围地区高的现象，对城市热岛效应的最早描述源自英国气象学家 Luke Howard 于 1818 年出版的《伦敦气候》一书，Howard 通过对伦敦城市与郊区的气温观测，发现夜间伦敦城市中心区的温度比周边郊区高出 2.1℃（Howard，1833）。自该书问世以来，英、法、德、奥以及北美许多国家陆续开展了城市气候的研究（杨萍和刘伟东，2012）。城市热岛作为正式概念则是由 Manley 于 1958 年首次提出的（Manley，1958）。所谓城市热岛是指在气温上，城区气温高、郊区低，在温度空间分布上，城市犹如一个温暖的岛屿（陈云浩等，2003）。在气象学近地面大气等温线图上，郊外的广阔地区气温变化很小，如同一个平静的海面，而城区则是一个明显的高温区域，如同突出海面的岛屿，由于这些岛屿代表着高温的城市区域，所以被形象的称为城市热岛（图 15-1）。现在普遍认为，城市热岛效应是指

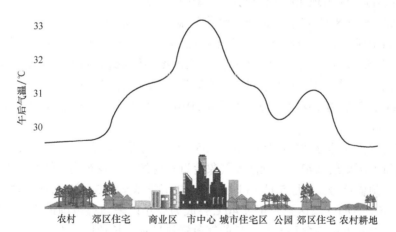

图 15-1 城市热岛效应示意图
资料来源：美国环境保护局，2008

Figure 15-1 Schematic representation of the diagram of urban heat island
From：U.S. Environmental Protection Agency, 2008

当城市发展到一定规模，城市下垫面性质的改变、大气污染以及人工废热的排放等使城市温度明显高于郊区，形成类似高温孤岛的现象。城市热岛强度（urban heat island intensity，UHII）由城市中气温与周围郊区气候的差值表示。城市热岛反映的是一个温差的概念，只要城市与郊区有明显的温差，就可以说存在城市热岛现象。因此，一年四季都可能出现城市热岛。

城市热岛效应不仅会带来酷热的天气现象，还会导致异常和极端城市气象的出现，会对城市气候、工业生产和居民生活环境产生巨大的负面影响。热岛效应明显降低了城市居民的生活质量并影响到身体健康，甚至威胁到城市居民的生命安全。医学研究表明，环境温度与人体的生理活动密切相关，环境温度高于28℃时，人们就会有不舒适感；温度再高就容易导致烦躁、中暑、精神紊乱；气温高于34℃，并且频繁的热浪冲击，还可能引发一系列疾病，特别是使得心脏、脑血管和呼吸系统疾病的发病率上升，死亡率明显增加。

1980年7月，美国圣路易斯市和堪萨斯市遭遇罕见热浪，在受热岛影响的城市商业区，人口死亡率分别上升了57%和64%；而未受影响的城郊地区，其死亡率上升不到10%。1995年7月中旬，美国中部出现了持续5天的强热浪，导致全美范围内800多人丧命（Changnon et al.，1996）。

2013年7~8月，罕见高温天气席卷中国长江流域及其周围区域，多地温度创历史新高。根据中央气象台的报告，各地最高气温纪录刷新如下。

杭州：先于7月24日以40.4℃破纪录，再于8月6日以41℃再一次破纪录，41℃是1951年以来的最高纪录。7月以来7天是40℃以上，其中7月24日至28日连续5天出现40℃以上高温，属历史首次。

台北：8月8日13点16分，台北气温升至38.8℃，追平1896年以来的气温最高纪录。13点44分，继续升温至38.9℃，打破百年最高纪录；13点58分，达到39.3℃，再次刷新百年最高纪录。据统计，台北气象站自1896年8月建站以来，很少出现超过38.5℃的高温，此前最高为2003年8月9日出现的38.8℃，其次为1921年7月31日和2010年7月3日，气温达38.6℃，同为历史第二高。

湖南省：大部分地区已持续10天35℃以上高温，许多气象站点监测的高温数据刷新了历史最高纪录。湖南省气象台近日连续多次发布高温红色预警信号和高温橙色预警信号。8月5日14时左右，湖南省基本被38~40℃的酷热所包围，18个县市午后的气温达到或超过40℃，成为今年以来高温范围最广、强度最大的一天。据长沙市气象局8月4日的气象资料显示，长沙地区200多个自动气象监测站中，101个站点超过40℃，其中7个自动气象站超过了42℃，其中马坡岭站也以41.1℃（8月2日）打破近30年当地最高纪录。

上海市：8月7日中午12时37分上海最高气温已达40.8℃，保持了仅仅12

天的上海气象史上最高温纪录又被刷新。从上海有气象纪录的 140 年以来，最热的一天是 1934 年 7 月 12 日创下的 40.2℃，这一纪录保持了 79 年，在 2013 年 7 月 26 日被刷新为 40.6℃。

据中央气象台网站消息，截至 7 日 14 时，在全国 2418 个国家级自动监测站中，高温排行前十名全部超过 41℃，其中，浙江 6 个地区榜上有名，浙江奉化的气温更是达到了 43.5℃。

城市热岛不仅对城市环境质量及市民健康产生非常不利的影响，同时导致的能源消耗问题也会给城市生活带来巨大的经济负担。美国洛杉矶市每年因城市热岛效应增加的能量花费约 1 亿美元（Chang, 2000）。同时，城市热岛效应也会对城市地区的水体、降雨、空气等产生不同程度的影响（Paul and Gene, 2007; Van Heerwaarden and Vilá-Guerau de Arellano, 2008）。据美国能源部的估计，美国为缓解热岛效应每年要多支出高达 100 亿美元的能源成本（Rosenfeld et al., 1996）。持续的高温不仅会使城市工商业用电、居民用电等能耗剧增，造成电力紧张；而且会加快光化学反应速率而破坏大气中的臭氧，恶化城市空气污染水平（Rosenfeld et al., 1998）。

城市热岛效应导致的各类极端天气带来的惨痛后果使人们对其逐渐重视起来，开始对其进行多方面研究并尝试探索缓解之道。城市热岛在世界各大城市出现并被研究了百余年，关于城市热岛的研究内容很多，主要涉及城市热岛的识别及其演变、城市热岛效应机制、城市热量收支、综合模拟、减缓对策等方面。

## 15.2　城市化与城市热岛效应关系

城市化，又称城镇化，是指人口不断向城市聚集，城市数量和规模不断膨胀的现象。城市化是在工业革命和商业革命共同作用之下的历史进程。一般城市化程度的大小是以都市人口占全国人口的比例来评定，数值越高，城市化程度越高。1970~2011 年世界主要城市群增长率如图 15-2 所示。

2005 年联合国报告回顾 20 世纪世界人口急速城市化，世界城市人口比例由 1900 年的 13%（2.2 亿）增加至 1950 年的 29%（7.32 亿）及 2005 年的 49%（32 亿），同时预测 2030 年比例会增至 60%（49 亿）。城市化是目前和今后一段时期内全球面临的一个重要问题。2011 年，中国内地的城镇化率已经达 51.27%，在历史上城镇人口首次超越了农村人口，预计 2020 年将在 55%~60%。届时，我国将由以农业人口占多数的社会转变为城镇人口占多数的城市型社会。

全球变暖与快速城市化进程造成的城市热岛效应是城市生态环境的一种特殊现象。城市热岛效应是城市对自身温度环境影响的最突出特征，也是城市气候的

图 15-2　1970～2011 年间世界主要城市群增长率

资料来源：联合国经济和社会事务部人口司《世界城市化预测》2012

Figure 15-2　Growth rates of urban agglomerations all over the world from 1970 to 2011

From：United nations department of econimics and social affairs, population division.

World Urbanization Forecast, 2012

基本特征之一（刘恩勤等，2009）。快速城市化发展是导致热岛效应的直接原因。伴随城市化进程的加快，城镇人口的聚集、建筑物不断增多、自然下垫面遭到改变、工业生产规模不断扩张以及越来越多的人为热源等方面的影响，导致城市气象要素发生了大规模变化，对城市气候产生了重大影响：热岛效应、雨岛效应、阳伞效应、减风效应等依次出现。其中，城市热岛效应是人类活动对气候系统作用的最主要的城市气候效应（杨萍和刘伟东，2012）。

## 15.3　中国的城市化与城市热岛效应

同其他地区一样，近百年来中国的气候也在逐渐变暖，增暖的幅度为 0.5～0.8℃，据预测 21 世纪全国的气候将继续明显变暖（秦大河，2006）。与此同时，我国的经济仍处于起飞阶段和快速城镇化发展的时期，城镇化是当前和今后一段时间内城市规划管理面临的重要问题（屠启宇，2012）。中国社会科学院社会科学文献出版社和上海社会科学院城市与区域研究中心联合公布的第一部国际城市蓝皮书《国际城市发展报告 2012》指出，虽然中国一直是一个农业大国，但近年来快速的城市化使得中国的人口结构发生了里程碑式的变化。2011 年末，我国城镇人口占总人口的比重首次超过了 50%，在统计学意义上，中国已成为

"城市化"国家。预计到2020年，我国城市化率将达55%。

不容忽视的是，我国目前存在的问题是城镇化速度过快，远远高于当前GDP增速所对应的合理城镇化速度，这将会引发存在社会矛盾的风险（周一星，2003）。与此同时，快速城市化也带来众多的环境问题（魏立强，2003），除导致水资源的超量使用和污染、大气污染和噪声污染等问题外，城市化也是导致城市热岛效应的直接原因。

我国城市热岛效应逐渐加剧的形势正在日益凸显。曹玉芬（1997）的研究表明，北京、沈阳、西安和兰州四个城市的热岛强度值（城郊年均温度之差）分别为2.5℃、1.5℃、1.5℃和1℃。以北京市为例，从20世纪60年代到80年代，随着城市化的发展，热岛强度已经增大了1℃，最大热岛强度可达3℃。李丽光等（2011）通过对沈阳市16年气象数据的整理分析，对不同天气条件下的沈阳市城市热岛效应进行了研究，得出晴朗无风条件下昼夜城市热岛强度最大，为0.73℃。此外，近几年对郑州、广州、合肥等城市热岛效应的研究表明，中国的城市或多或少的都存在着热岛效应，而这种效应可能会因为城市化的加快而愈加明显（段金龙等，2011；蒙伟光等，2010；贾刘强，2009）。以上研究逐渐引起国家层面对热岛效应的关注。《国家中长期科学和技术发展规划纲要（2006~2020年）》中明确要求：为提升城市功能，要把城市热岛效应形成机制与人工调控技术作为重点研究对象。因此，结合中国实际探寻城市热岛效应形成机制并寻求缓解对策，将会是今后一项重要的科学议题。

深圳市作为我国第一个经济特区，在不到30年的时间里，经历了若干次大移民、大起伏、大转折和大发展，走过了发达国家百余年的发展之路，由一个边陲小镇逐渐成为社会经济繁荣、具有较强综合实力的国际型大都市，实现了城市建设的巨大飞跃（唐怡，2011）。深圳作为快速城市化的典范，其城市发展具有独特性，加之深圳沿海的特殊地理环境，城市化导致的城市热岛现象愈加明显，对当地环境、经济和人民健康的影响日益严重，使得深圳成为研究城市热环境的理想对象（陈云浩等，2003）。作为城市环境中不容忽视的一部分，城市空间环境在热力场中的综合表现主要体现为城市热环境，而形态各异的城市热环境格局对城市微气候、城市生态环境和人居环境等方面都有着深远的影响。

## 参 考 文 献

曹玉芬. 1997. 都市化加剧城市热岛效应不容忽视. 北京气象，(2)：20-21.
陈云浩，李京，李晓兵. 2003. 城市空间热环境. 北京：科学出版社.
段金龙，宋轩，张学雷. 2011. 基于RS的郑州市城市热岛效应时空演变. 应用生态学报，22（1）：165-170.
贾刘强. 2009. 城市绿地缓解热岛的空间特征研究. 成都：西南交通大学.
李丽光，梁志兵，王宏博，等. 2011. 不同天气条件下沈阳城市热岛特征. 大气科学学报，34（1）：66-73.

刘恩勤，杨武年，陈宁．2009. 基于遥感技术的城市热岛效应研究——以成都地区为例．四川地质学报，29（4）：484-487.

蒙伟光，张艳霞，李江南，等．2010. WRF/UCM 在广州高温天气及城市热岛模拟研究中的应用．热岛气象学报，(3)：273-282.

秦大河．2006. 全球气候变化对人类的影响．中国科学技术协会．http：//www. cast. org. cn/n435777/n616445/38072. html.

唐怡．2011. 快速城市化下的城市更新策略研究——以深圳市为例．城市建设理论研究，15.

屠启宇．2012. 国际城市蓝皮书：国际城市发展报告 2012．北京：社会科学文献出版社．

魏立强．2003. 城市化带来的环境问题．长春大学学报，13（6）：30-32.

杨萍，刘伟东．2012. 城市热岛效应的研究进展．气象科技进展，2（1）：25-30.

周一星．2003. 城市地理学．北京：商务印书馆．

Chang S. 2000. Energy Use. Environmental Energies Technology Division, June 23th. http：//eetd. lbl. gov/HeatIsland/EnergyUse/.

Changnon S A, Kunkel K E, Reinke B C. 1996. Impacts and responses to the 1995 heat wave: a call to action. Bull Am Meteorol Soc, 77：1497-1506.

Howard L. 1833. The climate of London: deduced from meteorological observations made on the metropolis and at various places around it. London: Harvey and Garton.

Manley G. 1958. On the frequency of snowfall in metropolitan England. Q J Roy Meteor Soc, 84：70-72.

Paul A T, Gene M. 2007. Physics for Scientists and Engineers (5$^{th}$ edition). San Francisco: W. H. Freeman.

Rosenfeld A H, Akbari H, Romm J J, et al. 1998. Cool communities: Strategies for heat island mitigation and smog reduction. Energ Buildings, 28：51-62.

Rosenfield A H, Romm J J, Akbari H, et al. 1996. Policies to reduce heat islands: Magnitudes of benefits and incentives to achieve them. Proceedings of the 1996 Aceee Summer Study on Energy Efficiency in Buildings, 9：177.

Van Heerwaarden C C, Vilá-Guerau de Arellano J. 2008. Relative humidity as an indicator for cloud formation over heterogeneous land surfaces. J Atmos Sci, 65：3263-3277.

# 第16章 城市热岛效应的研究

## Studies on the effect of urban heat island

对热岛效应的最早描述来自英国气象学家 Howard 于 1818 年出版的《伦敦气候》一书,自该书问世以来,英、法、德、奥以及北美许多国家陆续开展了城市气候的研究(杨萍和刘伟东,2012)。城市热岛作为正式概念则是由 Manley 于 1958 年首次提出的(Manley,1958)。所谓城市热岛效应是指在气温上,城区气温高、郊区低,在温度空间分布上,城市犹如一个温暖的岛屿(陈云浩等,2003)。城市热岛强度(urban heat island intensity,UHII)是由城市中气温与周围郊区气温的差值表示的。城市热岛在世界各大城市出现并被研究了百余年,关于城市热岛的研究内容很多,主要涉及城市热岛的识别及其演变、城市热岛效应机制两方面。

## 16.1 热岛的识别及其演变

自城市热岛效应作为气候问题被提出以来就受到了各国研究人员的关注。对城市热岛识别与演变的研究也最为广泛,世界范围内各大城市几乎都进行过城市热岛效应的研究,结果表明城市中都不同程度地存在着城市热岛现象且有逐年增强的趋势。目前为止,世界各大城市热岛强度的研究见表16-1,显示的热岛强度数据惊人,热岛效应严重(彭少麟等,2005;Carmen and Morenogarcia,1994)。徐涵秋(2011)对近30年来福州盆地中心的城市扩展进程的研究表明:福州市建成区在1976~2006年的30年面积增加了105 km²,增幅达到3.2倍;城市空间的快速扩展给福州带来了一系列的环境资源问题,其中最突出问题之一就是城市热岛效应的加剧。

**表 16-1 世界各大城市热岛强度值**

**Table 16-1 Urban heat island intensity of world's big cities**

| 城市 | 热岛强度/℃ | 城市 | 热岛强度/℃ |
|---|---|---|---|
| 德国柏林 | 13 | 中国北京 | 9 |
| 加拿大温哥华 | 11 | 中国广州 | 7.2 |
| 美国亚特兰大 | 12 | 中国上海 | 6.9 |
| 西班牙巴塞罗那 | 8 | | |

1997 年美国开展的"城市热岛试点项目（urban heat island pilot project）"，旨在通过结合地表观测与遥感手段进行针对夏季美国城市热岛效应的研究与治理工作。加拿大还推出了旨在缓解多伦多城市热岛效应的"多伦多清凉计划（cool Toronto project）"。类似的研究工作还活跃在日本、西欧等国家或地区，可见城市热岛效应已成为目前城市气候与环境研究和实践中最为重要的方面之一。我国对城市气候的研究始于 1958 年，南京大学对南京市区的温度进行了观测，收集到了珍贵的城市气象资料，为城市气候的研究提供了良好的研究基础（杨萍和刘伟东，2012）。1982 年 9 月，在深圳召开的第一次全国城市气候学术会议，标志着我国的城市气候研究进入了迅速发展的阶段。

## 16.2 城市热岛效应的机制研究

影响城市热岛效应的因素很多，概括来讲，影响城市热岛产生的因素大体可以分为三类：气象、气候等自然条件；城市下垫面的热物理性质；人为释放热源。这三类因素通常是相互交叉影响的（图 16-1）。Rizwan 等（2008）将其总结为可人工控制因素和不可控因素。可人工控制的因素有：与城市规划设计和管理相关的诸如天空开阔度（sky view factor）、绿地植被面积和建筑材料等方面因素；与人口规模有关的人为热排放和空气污染因素。不可控的因素包括季节、气象条件、风速以及云层覆盖度等。

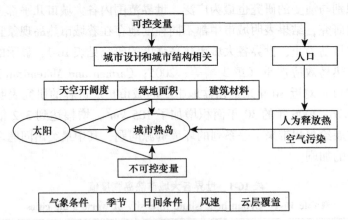

图 16-1　城市热岛效应形成机制

注：基于 Rizwan（2008）制成。

Figure 16-1　Formation mechanism of urban heat island

Note：Based on Rizwan（2008）.

作为不可控因素的气象与气候条件通常比地理特征因素的影响更大。Gallo

和 Owen（1999）通过研究美国 28 个城市的热岛效应，发现一年中最强烈的热岛效应发生在 7~8 月。Weng 等（2004）对广州市城市热岛进行了研究，发现广州市热岛效应的季节变化同昼夜变化同样明显，且一般情况下，热岛效应是秋季和冬季较为明显，在春季相对较弱。可见不同地区的气候及地理条件同样是影响城市热岛效应的重要因素。

城市热岛的产生与城市下垫面的热物理性质有着密切的关系，沥青、混凝土、玻璃等广泛用于城市区域建筑材料的热特性与乡村地区广泛存在的树木、草坪、水体、裸土等大不相同。同时高大林立的城市建筑物所产生的峡谷结构又会因太阳照射而加强热作用（Chapman，2005）。建筑物在减弱风速方面同样扮演着重要作用，风速与云层覆盖的减小均会加剧城市热岛效应。城市热岛效应在晴朗无云气候条件下最易加剧，而风速增加对空气的扰动有益于缓解热岛效应，另外，日间增加的云层覆盖同样可以通过减弱夜间的辐射冷却效果降低热岛效应（Voogt，2004；Oke，1993）。

同时，城市热岛效应实质是一种由人类活动引起的热环境污染。研究表明，人口规模对城市热岛效应具有很大影响，一个拥有上千人口规模的城镇较之于周边乡村，能够多产生 2.2℃ 的城市热排放。Oke（1973）甚至推导出城市热岛效应与人口之间的定量关系式：

$$\mathrm{UHI} = 0.73 \log_{10}^{(\mathrm{pop})} \tag{16-1}$$

式中，UHI 强度以摄氏度形式表达（℃）；pop 为人口数（人）。该式意味着人口为 10 的村庄会产生 0.73℃ 的热偏差（warm bias），人口为 100 村庄的热偏差为 1.46℃，人口为 1000 的城镇热偏差为 2.2℃，而人口为 100 万的一座大城市的热偏差为 4.4℃。工业与人类生活的热排放也在加剧着城市热岛效应。针对武汉的一项研究（Wen and Lian，2009）表明，夏季空调的使用能使武汉市空气温度上升 0.2℃。城市中人类活动不但直接释放热能，同时也造成了一定程度的空气污染，而通常情况下空气污染物浓度增加 10 倍，温度平均提高 2℃。

# 参 考 文 献

陈云浩，李京，李晓兵. 2003. 城市空间热环境. 北京：科学出版社.

彭少麟，周凯，叶有华，等. 2005. 城市热岛效应研究进展. 生态环境，14（4）：574-579.

徐涵秋. 2011. 近 30 年来福州盆地中心的城市扩展进程. 地理科学，31（3）：351-357.

杨萍，刘伟东. 2012. 城市热岛效应的研究进展. 气象科技进展，2（1）：25-30.

Carmen M M, Morenogarcia M C. 1994. Intensity and form of the urban heat island in Barcelona. Int J Climatol, 14：705-710.

Chapman D M. 2005. It's Hot in the city. Geodate, 18：1-4.

Gallo K P, Owen T W. 1999. Satellite-based adjustments for the urban heat island temperature bias. J Appl Meteorol, 38：806-813.

Manley G. 1958. On the frequency of snowfall in metropolitan England. Q J Roy Meteor Soc, 84: 70-72.

Oke T R. 1973. City size and the urban heat island. Atmos Environ, 7: 769-779.

Oke T R. 1995. The heat island characteristics of the urban boundary layer: Characteristics, causes and effects. Proceedings of the NATO Advanced Study Institute on Wild Climate in Cities, Waldbronn, Germany, 1993. Netherlands: Kluwer Academic, 81-107.

Rizwan A M, Dennis L Y C, et al. 2008. A review on the generation, determination and mitigation of urban heat island. J Environ Sci, 20: 120-128.

Voogt J A. 2004. Urban heat islands: hotter cities. http://www.actionbioscience.org/environment/voogt.html. American Institute of Biological Sciences.

Wen Y G, Lian Z. 2009. Influence of air conditioners utilization on urban thermal environment. Appl Therm Eng, 29: 670-675.

Weng Q, Lu D, Schubring J. 2004. Estimation of land surface temperature-vegetation abundance relationship for urban heat island studies. Remote Sens Environ, 89: 467-483.

# 第17章 城市热岛的研究方法
## Research methods of urban heat island

## 17.1 城市热岛效应的气象站点观测法

最初的城市热岛效应是通过气象观测发现的。采用气象观测方法开展研究工作是城市热岛效应的经典研究方法，即通过收集气象观测资料来分析热岛强度与分布特征。利用实时观测资料对比城郊之间或建筑群与绿地之间的热岛强度，是气象观测法的基本思路。

与遥感监测城市热岛相比，地面观测更易于取得较短时间间隔的长期连续数据，是实际情况的切实反映，数据及时具体、更新快，有利于研究的深化和具体应用。地面观测方式主要分为两类：基于大量气象站点的定点观测和运动样带观测。

Jones 等（1990）在 *Nature* 杂志上发表了一篇城市化对地表气温影响的文章，选取苏联西部、澳大利亚东部以及中国东部的三个国家的不同区域进行研究。对应中国的数据来自 1954~1983 年中国东部地区设立的 84 个气象站，并在此基础上建立由 42 对城市与乡村的对应点构成的网络进行地表气温研究。结果得出我国东部地区城市的气温高于乡村 0.39℃，该结论令当时的研究人员也相当吃惊，可见当时我国已经显示出城市热岛效应现象。周淑贞和束炯（1994）选择上海作为研究对象，通过对城市气候进行系统深入的研究，揭示了城市区域风速、湿度、温度等气象要素的特征以及人为因素对城市热岛效应的影响。张恩洁等（2007）选取深圳市气象局建立的 19 个自动气象站点，对 2004 年全年无降水日各时刻正点的温度数据进行统计整理，并比较分析数据间的区域差异，结果表明，深圳市的热岛效应表现为明显的多中心现象，年平均热岛强度值为2.6℃；热岛强度日变化的规律表现为：13~18 时是全天热岛强度最大的时间段，与一天中的温度最高时段一致；不同季节热岛强度日间变化表现为：春季、夏季的午后至傍晚时间内热岛强度值较大，秋季、冬季的中午至午后时间热岛强度值较大。同时，深圳市在降雨较少的冬季热岛效应发展稳定，变化规律性也较为显著，表明降水、大风等天气因素对城市热岛的发展有很大的影响。

## 17.2 运动样带法

与气象站相比，运动样带法便于温度的及时搜集，具有灵活性和实时性的优势，所采集的数据可以用来较好地分析城市内部以及周边的温度特征。Yokobori 和 Ohta（2009）在 2006~2008 两年内选取 30 天时间，利用摩托车车载传感器在所选取的 5km 运动样带上，以 2s 为时间间隔详细观测记录了东京都研究区温度和土地覆盖之间的关系。结果表明，土地覆盖类型对热岛效应强度有明显影响，并且东京都最大日热岛强度可达 4.0~6.9℃。

李宏永（2013）于 2011~2013 年在深圳南山区开展了为期两年的连续运动样带观测。样带长度为 8km，完成一次观测约为 30min，观测中的数据记录时间间隔为 5s。在 2 年的观测中，每 2h 观测一次。总共重复次数约为 7000 次。具体观测如下。

利用电动自行车作为移动观测工具，车上装有 Garmin GPS 接收机自动记录车辆的位置。车上同时载有 Cu-Co 热电偶（高度 1.3m，直径 0.32mm，分辨率 0.01℃）用以测量空气温度，热电偶连接 CR1000 数据采集器（内存 4MB，12V 直流电供电，8 个差分通道），数据自动记录。热电偶放置在由两个不同尺寸的白色聚氯乙烯塑料管制成的套筒内（大小塑料管的长度/直径/厚度分别 250mm/80mm/3mm 和 230mm/55mm/2mm，小塑料管内外均涂黑漆，大塑料管内涂黑漆，外包锡箔纸），套筒水平放置，口朝正前方安置在电动自行车上（图 17-1，图 17-2）。在 2 年观测期间每隔 2h 观测一趟（雨天除外），昼夜连续观测，车速为 15km/h，每次耗时 30min 左右，Cu-Co 热电偶每秒钟输出 1 个数值，数据采集器记录间隔设为 5 s（图 17-3）。同时，在样带上设置了 12 个计时点（图 17-4），实验时到达每个计时点用秒表打点计时，原因有两个：一是为了使车速尽量保持一致，从而保证温度测量距离较为均匀；二是协助 GPS 装置更精确地定位电动车所在位置。在两年的时间内在选定样带上重复观测，采集大量不同季节、不同天气情况下的气温数据。

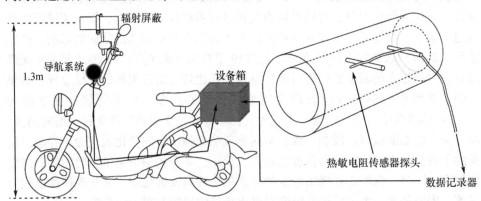

图 17-1　实验装置示意图

资料来源：底图来自 Yokobori 和 Ohta（2009），各项仪器的安置、组装均为本书作者自行设计

Figure 17-1　Schematic representation of the thermistor sensors and GPS device mounted on the observation e-bike

From：Revised from Yokobori and Ohta（2009）

图 17-2　实验装置照片

注：左图为 GPS 设备；右图为 CR1000 数据采集器

Figure 17-2　Photograph of observation e-bike and experimental instruments

Note：left is GPS device；right is CR1000 data logger

图 17-3　样带气温监测实验照片

Figure 17-3　Photographs of field experiment

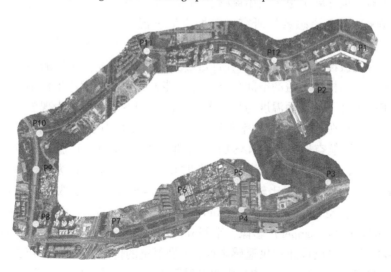

图 17-4　时间标记点示意图

Figure 17-4　Schematic representation of the time marking points in the study area

# 17.3  城市热岛遥感监测研究

随着遥感技术的发展，越来越多的国内外学者开始应用热红外遥感资料进行城市气候的相关研究，研究内容主要集中在利用热红外遥感反演城市的温度分布及其动态，利用可见光遥感提取城市的土地利用/覆盖，建立温度分布和土地覆盖类型之间的关系。很多基于遥感的研究结果表明，城市热岛强度和植被盖度之间存在明显的负相关，从而得出"增加城市绿地面积可以减轻城市热岛效应"的结论。早期研究主要是利用空间分辨率为 1.1km 的美国气象卫星 NOAA/AVHRR 的热红外波段，如 Roth 等（1989）利用 NOAA/AVHRR 热红外数据分析了温哥华、西雅图和洛杉矶三个沿海城市的热岛效应，研究表明热岛效应强度在炎热季节的日间最大，且日间城市的地表温度分布与土地利用模式具有相关性，工业区的温度高于植被、河岸或海岸区的温度。鉴于 NOAA 与 AVHRR 遥感数据的低空间分辨率，这两种数据仅能较好地应用于宏观层面的城市气候研究，对城市内部的微观热环境则无法开展有效的观测研究。近年来，双通道亮温反演算法、劈窗算法等也陆续被提出，以改善 AVHRR 数据的地表亮温反演的精度（杨萍和刘伟东，2012）。Lo 等（1997）利用高精度（空间分辨率为 5m）的热红外遥感影像 ATLAS，结合 GIS 空间分析，对美国阿拉巴马州北部和亨兹维尔市的城市热岛效果与归一化植被指数之间的关系进行探讨，结果表明植被可以显著地影响城市的温度分布，对城市热岛效应具有良好的抑制作用。

在我国，也开展了很多利用遥感监测城市热岛强度和规模方面的研究。张小飞等（2006）基于遥感数据研究了深圳市地表温度与植被覆盖度之间的关系，结果表明，两者之间存在显著的负相关关系；同时，在不同的植被覆盖度范围内地表温度与植被覆盖度之间表现为阶段性差异的线性关系。不同的地表下垫面类型主要基于不同植被覆盖的空间分布情况，能够对地表温度产生作用。在不同的空间分辨率条件下，地面温度与植被覆盖度的空间变异程度均表现为先升高后降低的趋势，而且在 120m 的分辨率条件下，二者的相关程度达到最高。城市热环境研究常使用美国航空航天局（NASA）的陆地卫星（Landsat）遥感影像。从 1972 年 7 月 23 日以来，Landsat 系列卫星已发射 8 颗（1975 年前称为地球资源技术卫星——ERTS）。其中应用比较广泛的是：Landsat5 号卫星获取的 TM（thematic mapper）影像，空间分辨率包含 30m、120m；Landsat7 号卫星获取的 ETM +（enhanced thematic mapper）影像，空间分辨率包含 15m、30m、60m。但 5 号卫星在 2011 年 11 月已停止提供遥感影像，7 号卫星的传感器在 2003 年 5 月已出现故障。2013 年 2 月 11 号，NASA 成功发射了 Landsat8 号卫星，携带两个传感器：OLI（operational land imager，陆地成像仪）和 TIRS（thermal infrared sensor，热红外传感器）。OLI 获取的遥感影像空间分辨率包含 15m、30m；TIRS 获取的遥感影像空间分辨率 100m，提供给用户的是重采样为 30m 的影像。

刘宇鹏等（2011）利用 TM/ETM+数据，以长沙市为例反演地表温度，并针对不同时相的遥感数据，利用城市热岛强度来反映热岛效应强弱的变化。结果表明长沙市的热岛空间分布与城市建成区的轮廓相吻合。城市热岛的范围随着城市建设、新建开发区以及道路交通网的发展不断增大，而且在东南方向为主要增长方向。王文杰等（2006）基于北京市近三十年来不同时段的遥感数据，对北京市的城市绿地面积、归一化植被覆盖指数、城市热岛的面积进行统计整理，分析了北京城区二十多年来城市规模变化及空间布局变化特征、城市绿地面积变化、城市热岛效应等变化。研究表明，20 多年来北京市城市热岛面积显著增加，2000 年以来四环内由于绿地面积增长、城市结构日趋合理，城市热岛有减缓的趋势。赵小锋和叶红（2009）通过利用 50 景长时间序列的 Landsat TM/ETM+影像，分析了厦门市 1987~2008 年的热岛效应季节变化和随城市化发展的演变趋势。研究表明，厦门市城市热岛继 2003 年与 2004 年后由春季、夏季、秋季扩展到了冬季，而且冬季热岛区域的高强度斑块在数量、个体面积和总面积上呈显著增长趋势。因此，遥感技术在我国城市热岛研究中的应用已逐渐成为发展趋势。Landsat TM 数据的热红外波段（TM6：$10.4\sim12.5\mu m$）具有较高的空间分辨率（120m），从而能够更好地用于城市气候的研究。

## 17.4　城市热岛模型模拟研究

综合模型模拟是研究城市热岛效应的有效方式之一。Nelson（1989）等利用 MM4 以及理想化的初始热力扰动与真实的三维可变初始侧边界条件，较好地再现了城市温度场和流场的特征。杨玉华等（2003）在 MM5 模型基础上创新研究了北京市冬季城市热岛的演变机制。Bonacquisti 等（2006）开发了一个城市冠层模型来模拟罗马市的热岛效应，并分析了冬季和夏季的热岛强度。结果显示罗马冬季的热岛强度为 2℃、夏季可达 5℃；周荣卫等（2008）通过在城市边界层预报模型中建立单层冠层模式，分析了城市的冠层结构和人为热与城市热岛效应的交互作用，并以北京市为试验区进行模拟分析，得出了较为理想的模拟结果。

尽管各种模型模拟结果能模拟出城市热岛的中心位置、强度和出现时间等，但是由于涉及的尺度范围较大，在采取缓解热岛效应措施的实践应用中指导意义不大；而且模拟结果也很难被验证，可信度还有待提高。数据模型是对现实状况的理论化反应，能快速高效地揭示城市热岛变化和发展的综合趋势，缺点就是在实际应用中，这些平衡模型和非静力模型很难从时间和空间上动态反映城市热岛效应的综合效应。

# 参 考 文 献

李宏永．2013．基于运动样带的城市热岛效应及绿地降温效果研究．北京：北京大学硕士学位论文．

刘宇鹏，杨波，陈崇．2011．基于遥感的长沙市城市热岛效应时空分析．遥感信息，(6)：73-78.

王文杰，申文明，刘晓曼，等．2006．基于遥感的北京市城市化发展与城市热岛效应变化关系研究．环境科学研究，19 (2)：44-48.

杨萍，刘伟东．2012．城市热岛效应的研究进展．气象科技进展，2 (1)：25-30.

杨玉华，徐祥德，翁永辉．2003．北京城市边界层热岛的日变化周期模拟．应用气象学报，14 (1)：61-68.

张恩洁，赵昕奕，张晶晶．2007．近 50 年深圳气候变化研究．北京大学学报（自然科学版），43 (4)：535-541.

张小飞，王仰麟，吴健生，等．2006．城市地域地表温度-植被覆盖定量关系分析——以深圳市为例．地理研究，25 (3)：369-377.

赵小锋，叶红．2009．热岛效应季节动态随城市化进程演变的遥感监测．生态环境学报，18 (5)：1817-1821.

周荣卫，蒋维楣，何晓风．2008．城市冠层结构热力效应对城市热岛形成及强度影响的模拟研究．地球物理学报，51 (3)：715-726.

周淑贞，束炯．1994．城市气候学．北京：气象出版社．

Bonacquisti V, Casale G R, Palmieri S, et al. 2006. A canopy layer model and its application to Rome. Sci Total Environ, 364: 1-13.

Jones P D, Groisman P Y, Coughlan M, et al. 1990. Assessment of urbanization effects in time series of surface air temperature over land. Nature, 347: 169-172.

Lo C P, Quattrochi D A, Luvall J C. 1997. Application of high-resolution thermal infrared remote sensing and GIS to assess the urban heat island effect. Int J Remote Sens, 18: 287-304.

Nelson L S, Francis L L. 1989. Numerical studies of urban planetary boundary-layers structure under realistic synoptic conditions. J Appl Meteorol, 28: 760-781.

Roth M, Oke T R, Emery W J. 1989. Satellite-derived urban heat islands from three coastal cities and the utilization of such data in urban climatology. Int J Remote Sens, 10: 1699-1720.

Yokobori T, Ohta S. 2009. Effect of land cover on air temperatures involved in the development of an intra-urban heat island. Clim Res, 39: 61-73.

# 第 18 章 | 植被蒸腾对城市热岛效应的缓解

## Mitigation of the effects of urban heat island
## by increasing vegetation transpiration

在城市化进程中，城市下垫面性质发生了巨大变化。绿地面积减少、潜热明显减少、显热增加、温度升高。同时，由于粗糙度增大、反射率减小、地面长波辐射损失减少，致使在相同天气条件下吸收更多的太阳辐射，为城市热岛的形成奠定了能量基础（王艳霞等，2005）。道路铺筑率的增加，使得原来水面、土地、绿地变成了沥青、水泥地，城市地表热容量降低，升温比自然下垫面（绿地、水面）快，这是导致热岛效应的主要因子。所以，Qiu 等（2013）在总结了国内外的研究进展后得出，缓解城市热岛效应最有效的方法是增加城市的蒸散发量。因此，将城市地表还原为绿地或增加城市植被覆盖是减小城市热岛效应的一个很好的方法。Weng 等（2004）也证实了这种方法的有效性及城市下垫面对于热岛强度和地表温度的显著影响。

在全球变暖的背景下，城市热岛效应的加剧使人们从单纯的认识判断性研究转而关注如何缓解其作用的方面。减缓城市热岛效应对城市和区域的国民经济和环境有巨大影响。Rosenfeld 等（1998）的研究表明，通过减缓城市热岛效应，2015 年，美国可以节电 25GW，节约资金 50 亿美元，带来了可观的经济和环境效益。增加城市绿地面积是减缓城市热岛效应的最有效方法。

## 18.1 城市中的绿色植被

城市绿色植被不仅具有吸收二氧化碳、制造氧气、吸收有毒气体、杀菌除尘等净化环境的作用（史瑞华，2008），而且还具有遮阳、降温、增湿和改善局地小气候等多种效能，从而在一定程度上修复了因城市化而受到损害的自然环境。大面积的森林、宽阔的林带、浓密的行道树及其他公园绿地，对城市各地段的温湿度有着良好的调节作用。

绿色植被能够吸收、反射并遮挡太阳辐射能，其对太阳辐射的反射率一般为10%~20%，对红外线的反射率高达 70% 以上，而城市下垫面沥青的反射率为 4%（李思建等，2003），可见植被对太阳辐射的吸收率较高，透过率较低，当夏季枝叶茂盛时，可遮挡 50%~90% 的太阳辐射。史瑞华（2008）认为夏季林区的太阳辐射量为非林区的 66%，平均辐射温度可相对降低 14.10℃。一方面，绿色植被借助自身的光合作用将太阳辐射能转化为化学能，同时吸收空气中的二氧化碳，减弱了温室效应，也减少了引起空气升温的颗粒物。据测，每公顷绿地平均每天可从周围环境中吸收 81.8 MJ 的热量，相当于 189 台空调的制冷作用，每年滞留粉尘 2.2t，可以降低大气含尘量 50%左右；另一方面，绿色植被通过蒸腾作用，从环境中吸收大量热量，降低空气温度，将地表水分转移到大气之中，参与水循环。每公顷绿地，每天平均可以吸收 1.8t 二氧化碳。这两种方式有效地抑制了形成城市热岛的两种力量：下垫面急速减少、大气污染严重。大气污染及温室气体的排放，如二氧化硫、二氧化碳等，都使到达地面及树冠下面的太阳辐射显著减少，乱流交换量减少，从而削弱了下垫面对于太阳辐射的吸收作用，使植被覆盖区白天增温不多，夜间在有效辐射作用下，降温也不多，气温日变幅小，一定程度上缓解了城市热岛效应。

## 18.2 绿色植被蒸腾对城市热岛效应的缓解

影响城市绿色植被降温增湿效应的因子很多，包括自然环境条件、绿地类型、绿色面积大小、树冠郁闭度、树木种类及生长发育状况等（王艳霞等，2005）。就目前国内外的研究结果表明，在炎热季节，有植被覆盖的地面温度较暴晒裸露地面低 10℃左右，湿度大 20%左右（杨华安和雷朝立，1996）；Weng 等人的研究也表明，绿色植被使周边的气温平均降低了 3~5℃，最大可降低 12℃，增加相对湿度 3%~12%，最大可增加 33%（Weng 等，2004）；伯洛波多夫的研究（于志熙，1992）计算出绿化覆盖率每增加 10%，气温降低的理论最高值可达 2.6℃，在夜间可达 2.8℃；森林覆盖率由 30%增加到 70%时，林内气温将比周围地区平均值低 5%~15%，当达到 50%的覆盖率时，气温可降低接近 5℃；一个规模大于 3 $hm^2$ 且绿化覆盖率达到 60%以上的集中绿地，基本上与郊区自然下垫面的温度相当，可以基本上消除城市热岛效应。而在冬季，植被能够降低 20%的风速，减少冷空气对于城市的影响，提高城市冬季气温 1~3℃。故而，无论是夏季还是冬季，提高绿色植被的覆盖率对稳定城市气温有一个很好的正向作用。

国内的一些实例监测数据也支持绿地对于城市热岛效应的缓解作用。例如，上海市中心的黄浦区、卢湾区和静安区是该市热岛效应最强地区，该市在此规划建设了延安中路大型公共绿地，一期工程竣工后，气象监测资料表明，在 7 月~9 月，白天气温与同期相比，平均下降 0.6℃，晚上气温平均下降 1℃。太原市面积较大的汾河绿地公园，绿地面积 130 万 m²、水体面积 178 万 m²，夏季最高气温比周边低 4℃，相对湿度高 10%~20%，年产生新鲜氧气 1678.50 t。近期对于绿色植被降温效果的研究结论总结见表 18-1，其中最高降温效果接近 4℃，并且面积越大，影响区域也越大。

表 18-1　城市植被降温效果

Table 18-1　Cooling effects of vegetation on urban heat island

| 地区或国家 | 气候类型 | 季节 | 绿地及其周边环境 | 绿地特征 | 气温差 | 影响区域 | 参考文献 |
|---|---|---|---|---|---|---|---|
| 以色列，海法市 | 地中海气候 | — | 公园及其周边 | 0.5 hm² | — | 20~150m | Givoni (1972) |
| 墨西哥，墨西哥城 | 热带稀树草原气候 | 旱季 | 公园及其周边 | ~500 hm² | 2~3℃（晴夜） | 2km | Jauregui (1991) |
| 日本，东京 | 温带季风气候 | — | 绿地及其周边 | 300~700m | 3℃ | 顺风200m | Honjo 和 Takakura (1991) |
| 日本，熊本 | 温带湿润气候 | 8~9月 | 绿地及其周边 | 60m×40m 小绿地 | 2.5℃ | — | Saito et al. (1991) |
| 加拿大，蒙特利尔 | 温带大陆性气候 | — | 城市公园及其周边建筑 | — | | — | Gao (1993) |
| 日本，东京 | 温带季风气候 | 夏季 | 植被及无植被地带 | — | 1.6℃ | — | Gao (1993) |
| 日本，多摩新城 | 温带半湿润气候 | 8~9月 | 公园及其附近城市 | 0.6 km²草地 | 1.5℃（中午） | 顺风1km | Ca et al. (1998) |
| 以色列，特拉维夫 | 地中海气候 | 6~8月 | 11 个有树木的城市绿地及其周边地区 | 450~11 025 m² | 1.3~4.0℃（每日15：00最大） | — | Shashua-Bar 和 Hoffman (2000) |
| 博茨瓦纳，哈博罗内 | 热带稀树草原气候 | 夏季 | 绿洲及开阔裸地 | — | 2℃（白昼） | — | Jonsson (2004) |
| 以色列，特拉维夫 | 地中海气候 | 夏季 | 城市公园及其周边 | 宽树冠树木 | 3.5℃（白昼） | — | Potchter et al. (2006) |
| 日本，东京 | 温带季风气候 | 夏季 | 公园及其周边 | 东京最大公园之一 | 1℃（9：00~15：00） | — | Sugawara et al. (2006) |
| 中国，香港 | 亚热带季风气候 | 夏季 | 林木及灌木植被区域 | — | 0.5~1℃ | — | Giridharan et al. (2008) |
| 日本，名古屋 | 温带季风气候 | 7月 | 公园及其周边 | 147 hm²；树木繁茂的绿地（60%）；陵园（40%） | 1.9 ℃（最大） | 200~300m | Hamada 和 Ohta (2010) |

注：此表引自 Qiu 等（2013）。

Note：Cited from Qiu et al.（2013）.

　　除了温度上的改善，植被与建筑群之间的温差会形成冷热空气的对流，造成 1m/s 左右的局部风（黄振管等，1999），也称林源风，能够增加人体对于降温的舒适感。

　　另外，从景观生态学的角度来看，不同的绿化分布方式对其降温增湿效果也会有一定的差异。目前，居住区环境绿化的布局模式主要有：散点镶嵌模式、带形贯穿模式、散点连续模式、环抱融合模式等，其各自的特点见表 18-2（方咸孚和李海涛，2001）。不同的绿地分布模式具有不同的连通性，通常整体性和连通性越高，热流和水分在绿地基质中的流通性就越好，绿地系统内部消耗的热流就越多，保留的水分也越多（洪蕾洁等，2010），对于环境的降温增湿效果也就越明显。故而，从这个意义上，正如表中所示，环抱融合模式的绿地系统对城市热岛效应的改善效果最明显，其次是带形贯穿模式和散点连续模式，散点镶嵌模式效果最差，虽然其在绿地系统等级以及景观效果方面有一定的优越性，但由于其缺乏连通性，通常在城市小区建设中不推荐使用。但是考虑到长期以来我国的居住区绿地系统没有得到足够的重视，绿化布局也基本上是属于散点镶嵌模式，各级绿地之间的连续性较差，故而在缓解热岛效应方面的成效也较差。

表 18-2　居住区环境绿化布局模式适用性分析表

Table 18-2　Analysis of greening layout mode in residential area

| 布局模式 | 布局特点 | 优缺点 | 适用性 | 缓解热环境的效果 |
|---|---|---|---|---|
| 环抱融合 | 居住区、各小区、各组群之间均有绿地隔开，建筑和绿地相互环抱融合 | 具有最好的整体性和连续性，且由绿带和道路围合而成的组群具有内向的封闭性，居民有明显的领域感和认同感，公共服务设施的可选择性较小 | 适用于用地条件宽松的居住区，对我国大部分城市居住区不太适用 | 最明显 |
| 带形贯穿 | 以带状公共绿地贯穿整个住区，绿地系统中"线"有效地联系各组群绿地，整体性较强 | 可保持较高的建筑密度，绿带宽窄变化灵活，居民对公共服务设施的选择有较大的余地，绿带方向与风向配合可以有效改善居住区微气候 | 在小区规模上宜采用这种方式 | 次之 |
| 散点连续 | 镶嵌于其中的各级散点绿地之间通过绿线互相联系，从而构成一个具有较高连续性的绿地系统 | 在住宅高度密集条件下可以保证公共绿地的均匀分布 | 适用于城市中心区附近的居住区和用地紧张的城市，适于我国大部分城市 | 次之 |
| 散点镶嵌 | 以交通干道为界线，各个区域中心镶嵌中心绿地，下一级绿地围绕中心绿地布置 | 绿地系统等级分明，在使用功能和景观效果方面有优越性；缺乏绿道的联系，各级绿地之间的连续性较差 | 不推荐使用 | 较差 |

注：表格引自洪蕾洁等（2010）。

Note：The table is cited from Hong et al（2000）.

# 参 考 文 献

方咸孚, 李海涛. 2001. 居住区的绿化模式. 天津: 天津大学出版社.

黄振管, 营广才, 姚高宽, 等. 1999. 植物环境与人类. 北京: 气象出版社.

洪蕾洁, 彭慧, 杨学军. 2010. 缓解热岛效应的居住区环境绿化探讨. 住宅科技, (3): 10-13.

李思建, 杜剑锋, 黄刚. 2003. 浅析绿色植物在改善城市环境中的作用. 枣庄师范专科学校学报, 20 (2):
56-58.

史瑞华. 2008. 通过绿化缓解城市热岛效应初探. 山西林业, (1): 34-35.

王艳霞, 董建文, 王衍桢, 等. 2005. 城市绿地与城市热岛效应关系探讨. 亚热带植物科学, 34 (4): 55-59.

杨华安, 雷朝立. 1996. 成都市气候与绿化. 四川气象, 16 (1): 59-61.

于志熙. 1992. 城市生态学. 北京: 中国林业出版社.

Ca V T, Asaeda T, Abu E M. 1998. Reductions in air conditioning energy caused by a nearby park. Energ Build-ings, 29: 83-92.

Gao W. 1993. Thermal effects of open space with a green area on urban environment. J Archit Plan Environ Eng,
448: 151-161.

Giridharan R, Lau S S Y, Ganesan S, et al. 2008. Lowering the outdoor temperature in high-rise high-density resi-dential developments of coastal Hong Kong: the vegetation influence. Build Environ, 43: 1583-1595.

Givoni M. 1972. Comparing temperature and humidity conditions in an urban garden and in its surrounding
areas. Haifa: Interim Report No. 2. National Building Research Institute, Technion.

Hamada S, Ohta T. 2010. Seasonal variations in the cooling effect to urban green areas on surrounding urban areas.
Urban For Urban Gree, 9: 15-24.

Honjo T, Takakura T. 1991. Simulation of thermal effects of urban green areas on their surrounding areas. Energ
Buildings, 15: 443-446.

Jauregui E. 1991. Influence of a large urban park on temperature and convective precipitation in a tropical city. En-ergy and Buildings, 15: 457-463.

Jonsson P. 2004. Vegetation as an urban climate control in the subtropical city of Gaborone, Botswana. Int J Clima-tol, 24: 1307-1322.

Potchter O, Cohen P, Bitan A. 2006. Climatic behavior of various urban parks during a hot and humid summer in
the Mediterranean city of Tel-Aviv, Israel. Int J Climatol, 26: 1695-1711.

Qiu G, Li H, Zhang Q, et al. 2013. Effects of evapotranspiration on mitigation of urban temperature by vegetation
and urban agriculture. J Integrative Agr, 12: 1307-1315.

Rosenfeld A H, Akbari H, Romm J J, et al. 1998. Cool communities: Strategies for heat island mitigation and smog
reduction. Energ Buildings, 28: 51-62.

Saito I, Ishihara O, Katayama T. 1991. Study of the effect of green areas on the thermal environment in an urban area.
Energ Buildings, 15: 493-498.

Shashua-Bar L, Hoffman M E. 2000. Vegetation as a climatic component in the design of an urban street: An empir-ical model for predicting the cooling effect of urban green areas with trees. Energy and Buildings, 31: 221-235.

Sugawara H, Narita K, Mikami T, et al. 2006. Cool island intensity in a large urban green: seasonal variation and
relationship to atmospheric conditions. Tenki, 53: 393-404.

Weng Q, Lu D, Schubring J. 2004. Estimation of land surface temperature-vegetation abundance relationship for ur-ban heat island studies. Remote Sens Environ, 89: 467-483.

# |第19章| 绿色屋顶对城市热岛效应的缓解

## Mitigation of the effects of urban heat island by green roofs

## 19.1 绿色屋顶

　　绿色屋顶是指在房顶建立人工植被，实施绿化的建筑物顶部。纵观历史，绿色屋顶并不是新鲜事物，自古以来其在炎热或寒冷条件下的应用已经为人所知。现代绿色屋顶可以追溯于古代屋顶花园，最早有记载的屋顶花园坐落于今叙利亚的亚述女王塞米勒米斯的空中花园（Oberndorfer et al.，2007），该花园被誉为古时七大奇迹之一。现代绿色屋顶起源于 20 世纪的德国（Getter and Rowe，2006），德国人通过屋顶种植植物来缓解太阳辐射作用于屋顶结构的物理损坏。20 世纪 70 年代，随着对城市环境问题的日益关注，进步的环境思想、政策以及科技手段在德国得以引进并传播，目前德国的绿色屋顶覆盖范围以每年近 13 500 000m² 的面积增加（Pompeii，2010）。世界上屋顶绿化发展最早、技术最成熟的同样是德国，德国的屋顶绿化率已达到 10% 以上，并且有专业的组织如国际屋顶绿化协会（IGRA）在促进屋顶绿化的大力发展，同时也得到了政府的大力支持。

## 19.2 绿色屋顶的降温效果

　　随着全球森林采伐、城市化扩张以及土地流失带来的植被覆盖与水分蒸散发减少，地表温度日渐升高，加剧了城市热岛效应与全球气候变化。自 20 世纪以来，人类活动导致全球温度升高了 3~7℃（Chicago Climate Task Force，2007）。世界范围内，科学家通过各种努力寻找能够有效缓解城市热岛效应与全球气候变化的方法。绿色屋顶冷却周围大气并增加潮湿度，同时创造一个有利于相邻区域环境的小区域气候。Schmidt（2010）给出的应对城市热岛与气候变化可持续发展优先措施的列表中，绿色屋顶排在第二位，仅次于未砌面的绿地（表 19-1）。可见，绿色屋顶的作用已经被日渐重视，也已经被越来越多的应用到缓解与城市热岛效应有关的城市环境问题中。

表 19-1　城市热岛与全球变暖可持续环境措施优先列表（部分）

Table 19-1　Sustainable measures for urban heat island and global warming（part）

| 优先次序 | 评价 | | 措施 |
|---|---|---|---|
| 1 | +++ | 1.00 | 未砌面的绿地（公园、庭院绿化、街道绿化） |
| 2 | ++○ | 0.78 | 绿色屋顶，墙体绿化 |
| 3 | ++ | 0.67 | 城市人工湖以及开阔水域 |

资料来源：Schmidt M.（2010）．

From：Schmidt M.（2010）．

采用绿色屋顶，增加植被覆盖是缓减热岛效应的有效措施。Köhler 等（2002）从 1984 年起对位于德国柏林的绿色屋顶的表面温度开始了长期观测，得出绿色植物降低表层温度的结论，而且可将最高温度的幅度缩减至半。Susca 等（2011）对纽约市 4 个不同区域的城市热岛效应实施了监测，发现绿色屋顶植被覆盖最多与最少的区域温差可达 2℃。绿化覆盖率与热岛强度成反比，绿化覆盖率越高，热岛强度越低。能够将城市热岛效应明显削弱的植被覆盖率范围为 30% 以上，能够将热岛效应削弱的极其明显的植被覆盖率范围为 50% 以上。而且只要集中绿地的规模超过 3 hm²，植被覆盖度高达 60% 以上的区域，大体上与郊区的自然下垫面温度相当，即通过自然的手段消除了城市热岛效应，同时可以在城市中形成以绿地为中心的低温区域，为居民户外休憩郊游活动的首选场所。

在近些年全球气温升高、城市化加剧的背景下，植被对于气候的强作用力开始逐渐受到重视。如今，由于城市下垫面改变所导致的城市热岛效应使得大城市气温连年居高不下，并且增加空调冷负荷 22% 以上（Davies et al.，2008），大量消耗国家能源。"城市绿地"是为数不多的可以控制缓解热岛效应的手段之一。树木与绿地能够给城市降温并节约能源。对于美国一些典型单层建筑物而言，给每栋房子多配种一棵树，其降温效果相当于节能 12%~24%（Santamourisa et al.，2007）。然而越是在污染相对严重的城市中心区域，"寸土寸金"的生存空间导致绿地面积往往严重不足，秉着节约空间的理念，人们开始向高空中的屋顶"城市绿地"寻求答案。绿色屋顶对热岛效应的缓解效应见表 19-2。

表 19-2　绿色屋顶缓解城市热岛效应的效果

Table 19-2　Key findings of green roofs' cooling effect to alleviate urban heat island effect

| 来源 | 地点 | 降温效果/℃ | |
|---|---|---|---|
| | | 环境空气温度 | 屋顶表面温度 |
| Onmura 等（2001） | 日本，大阪 | — | 30~60 |
| Niachou 等（2001） | 希腊，路特奇 | 2 | — |
| Hien（2002） | 新加坡 | 4 | — |
| | 日本，东京 | 0.8 | — |

续表

| 来源 | 地点 | 降温效果/℃ | |
|------|------|-----------|---|
| | | 环境空气温度 | 屋顶表面温度 |
| Kravitz（2006） | 美国 | — | 32~43 |
| Sonne（2006） | 美国，中佛罗里达 | — | 7~22 |
| | 加拿大，多伦多 | — | ≥1.6 |
| Takebayashi 和 Morigama（2007） | 日本，神户大学 | — | 10 |
| Teemusk 和 Mander（2009） | 爱沙尼亚，塔尔图 | — | 3.4 |
| Pompeii（2010） | 美国，芝加哥市政厅 | 0.24~1.77 | 4~21 |
| 赵定国等（2010） | 中国，上海 | — | 3.29 |
| Susca 等（2011） | 美国，纽约 | 2 | — |
| Bass 等*（2002） | 加拿大，多伦多 | 1~2 | — |
| | 沙特阿拉伯，利雅得 | | 12.8 |
| Alexandri*（2008） | 印度，孟买 | | 26.1 |
| | 俄罗斯，莫斯科 | | 9.1 |
| | 英国，伦敦 | | 19.3 |
| Ouldboukhitine 等*（2011） | 法国，拉罗谢尔 | — | 30 |

注：*标注为基于模型模拟的研究结果。

Note：* is the result based on model simulation.

# 19.3 绿色屋顶的类型

我国已将"积极推广屋顶绿化"列入创建园林城市标准。2004~2008 年《北京市城市环境建设规划》要求，北京市的高层建筑中 30%要进行屋顶绿化，底层建筑中 60%要进行屋顶绿化（赵志刚和岳明，2005）。2006 年 10 月上海市十二届人大常委会第三十一次会议审议了《上海市绿化条例（草案）》，大力鼓励以屋顶为重点发展多种形式的立体绿化的发展。然而目前绿色屋顶在中国并不常见，仅存一些初步且不成规模的尝试性项目。虽然类似粗放型绿色屋顶的益处已经越加彰显（Küesters，2004），然而对多数建筑所有人、管理者或建筑商而言，绿色屋顶仍保持其神秘感（Kevin，2011）。香港一项研究（Zhang et al.，2012）表明绿色屋顶在香港难以付诸实际最大的三个障碍分别为"缺乏来自政府和公共或私人社会群体的提倡"，"缺乏政府对于既有建筑物所有者的激励机制"，以及"日益增长的维护费用"，且三大阻碍存在于整座建筑的整个生命周期过程中，包含计划设计、建造到经营管理阶段。

屋顶植被是城市植被的特殊形式。绿色屋顶也称屋顶绿化，或通俗意义上的屋顶花园，目前并未出现对其完整与权威的定义。Castleton 等（2010）将其简单定义为完全或部分覆盖植被于建筑物屋顶位置的，包括防水膜、生长介质以及植被层本身的分层系统。通常情况下绿色屋顶也包含阻根层与排水层，如果气候需要则会包含相应的灌溉系统。

基于种植基质深度与维护程度，通常可以将绿色屋顶分为两大类：粗放型和集约型。粗放型绿色屋顶的平均基质深度在 2~20cm，仅需少量维护保养，几乎无需灌溉；集约型绿色屋顶的平均基质深度通常高于 20 cm，需要灌溉与精心维护，成本往往高于粗放型绿色屋顶（Küesters，2004；Oberndorfer et al.，2007）。但不论是粗放型还是集约型绿色屋顶，均能带来可观的环境效益（Pompeii，2010）。

缓解城市热岛效应；节约能源，绿色屋顶的温控作用可减少冬夏两季的空调使用，从而达到节能效果；减少城市大气污染，屋顶绿化能够帮助过滤空气中的灰尘、烟雾和部分金属颗粒以及其他有害的成分并且能够吸附大气和降水中的有害物质；积蓄雨水，绿色屋顶的存在可延缓雨水的排泄和过滤，延长屋顶的使用寿命。有研究表明通过执行适宜的绿色屋顶项目，建筑物的整个使用寿命可延长至原来的 2 倍（Robert，2006）。

经过实地测试，夏季有绿色屋顶的建筑物表面温度可以维持在 32℃的恒温，相较于通常情况下大于 40℃而言，已然产生了明显的降温效果。日本进行的有关研究显示，绿色屋顶在冬季可以维持在 12℃的恒温；所以隔热保温的绿色屋顶确实能减少调节室内温度所耗费的能源。据估计，4m² 草地的绿屋顶降温效果，约为 1 台空调运作 12 h 的冷却效果（Nikkei architecture，2007）。现代绿色屋顶的典型成功案例当推位于美国芝加哥市政厅的绿色屋顶以及建成于 1995 年的日本福冈奥古罗斯大厦。

# 19.4 案例 1：日本福冈奥古罗斯大厦

日本是世界上植被覆盖率较高的国家之一，都市热岛现象也较为突出。但是在城市绿化与经济建设同步发展的进程中，日本总结出了抵御城市热岛现象的成功经验，比较典型的就是建筑物的屋顶绿化。屋顶绿化已经形成一股潮流，日本政府积极推进屋顶绿化政策的启动成为绝佳的催化剂。东京率先将其条例化，促成了日本大力推广屋顶绿化活动的趋势。东京通过行政、公共团体推动屋顶绿化的鼓励政策——"大棒+胡萝卜"促进屋顶绿化的发展。

## 19.4.1 "大棒"政策

1）对于规模以上的建筑物作为一项义务要完成规定比例以上的屋顶绿化；

东京的指导方针要求建筑面积 1000 m² 以上（公共设施 250m² 以上）的新建、改扩建项目，外部结构的绿化面积要达到 20% 以上。2000 年 4 月以后，进一步强化了标准，除外部结构以外，可利用的屋顶绿化面积也要达到 20% 以上。同年 12 月，东京修订了自然保护条例，将屋顶绿化由"行政指导"升格为"义务"（2001 年 4 月实行）。条例规定对违反者处以 200 000 日元以下罚款。

2）布置地面绿化指标时，可将屋顶绿化、墙面绿化面积一并计算。

如果把条例、行政指导所催生的绿化推进措施比作"大棒"，那么到了企事业单位就形成了用"胡萝卜"鼓励绿化这样一种倾向。

## 19.4.2 "胡萝卜"政策

1）对于实施屋顶绿化的单位可放宽容积率的核算比例：大阪市从 2002 年 5 月开始，扩充以往的综合设计制度，设立屋顶绿化可奖励容积率的核算方式。每 1m² 屋顶绿化面积可换算成 0.2m² 的有效开放空地面积。

2）实施绿化地区内的固定资产税可减半缴纳：2001 年 5 月，日本国土交通省设立了绿化设施整备计划认定制度，规定在已经整备绿化设施的"重点绿化地区"内，固定资产税于 5 年内可减半缴税。优惠对象为占地面积 1000m² 以上，完成绿化面积在 20% 以上。

3）实施屋顶绿化的建筑可低利融资。

4）对实施屋顶绿化、墙面绿化的单位发放补助金：地方政府设立补助金制度，对那些实施屋顶绿化的企事业单位发放补助金。东京、大阪市利用综合设计制度，从设计上为已经做屋顶绿化的建筑物放宽结构空间。

上述政策启动后，取得了显著成效。在启动行政指导的 2000 年共完成了 50 000 m²，2001 年实行条理化以后，倍增到 100 000 m²，东京政府的制度已明显取得成效。

除了东京的绿色屋顶发展成效显著之外，福冈的奥古罗斯大厦也因为其绿色屋顶的特质吸引着世界的眼球，奥古罗斯大厦被誉为"实现了史无前例的大规模屋顶绿化"的"过于抢眼"的建筑，对其屋顶绿化的评价不仅限于其外观的视觉美学效果，科学研究已经确证了该大厦对城市热岛现象的缓解作用。日本福冈市的奥古罗斯大厦是一座造型奇特的 14 层建筑，它的南侧外墙设计成了阶梯状，一层层平台上填入无机质人工轻质土壤，种了近百种、约 350 000 株植物，构成了一座空中阶梯花园（图 19-1）。加上自生的树木包括由鸟类等带来的野生品种，如今植物种类已超过 110 种。这等大规模使用人工轻质土壤的绿化工程还没有先例，而且一个地方采用混种方法，满"坡"分散栽植。此前还从未有人见过这种建筑，所以，得到认同还需要时间。但是，作为环保专家们的实验场，人们对它的关注度越来越高。

图 19-1　日本福冈奥古罗斯大厦
资料来源：泰格屋顶花园
Figure 19-1　Augustine ross building, Fukuoka, Japan
From：tiger roof garden

　　最早关注这里热环境的是日本九州大学名誉教授铃木义则。作为从事热岛现象研究的农业气象学核心专家，铃木义则教授从 1995 年至今的工作表明，在盛夏日间，栽植部分的表面温度与水泥外露部分相比可降低 20℃ 以上（Nikkei architecture，2007），降温主要原因来自植物水分蒸发吸收的热量，且由于绿色屋顶的隔热效果，热量几乎传送不到屋顶以下的办公场所，并得出即使刨除大厦自身排出的热量，阶梯花园仍有明显的缓解热岛现象的结论。去年调查时，在热环境之外还实施了风环境的检测。结果表明，在很少有风的夏夜，阶梯花园经常有向下的气流流动，这种现象与夜间辐射冷却给山脚下带来的阵阵冷风类似。做出最终结论还需要进一步详细调查，但是可以说，这里的建筑物外观的阶梯造型是缓解热岛现象的一个主要原因。树林地带的蒸散发量通常比草坪大，所以可以认为冷却效果也更高。单位面积蒸散发量更大的是湿地生长旺盛的密集植物，如水田这类地方。水稻处在生长最旺盛的时候，其蒸散发速度将近水面的两倍。如果把屋顶绿化作为缓解热岛现象的对策来考虑，在屋顶种水稻的效果就可能更好。日本的一所中学已开始在楼顶着手这一实验。建筑物内的热负荷能下降就可以减少制冷量，那么空调排放的热量及电量消耗都可以下降，并间接地发挥缓解热岛现象的作用。加上蒸发散热的直接效果，屋顶绿化的作用就成倍增加了。这样计算下来，可以说单位面积缓解热岛现象的效果高于地面绿化。借助屋顶绿化对热岛现象的缓解、遮挡效果，削减空调所需的电能消耗，发电厂的二氧化碳发生量也会相应减少。另外，发挥绿化的保护作用，建筑物也多少会延长一些使用寿命，从而减少重建中所伴生的二氧化碳排放量。如今，日本的东京等很多城市已把屋顶绿化作为一项义务，给在建项目规定了相应的绿化比例。

## 19.5 案例2：美国芝加哥市政厅绿色屋顶花园

美国芝加哥市政厅从街上望去是一幢普通的新古典主义大楼，但若从空中俯视，楼顶的绿色花园使它与众不同。自从修筑屋顶花园后，市政厅的空调费用降低，周边空气质量提高。现在越来越多的芝加哥人希望在屋顶修建花园。据报道，现在芝加哥已经有约37万 $m^2$ 屋顶花园投入使用，越来越多的人希望能拥有屋顶花园。建筑屋顶花园的想法来自欧洲，但如今芝加哥却走在这股潮流最前端，拥有的屋顶花园面积列世界第一。

美国芝加哥市市政厅坐落在这座城的中心，是一座具有古希腊风格的宏伟建筑，迄今已有100多年历史（图19-2）。市政厅的屋顶花园面积接近1900 $m^2$，种植约200种草本植物，还有150多种木本植物，包括100种灌木、40种蔓生植物和2种树木。该工程项目于1999年3月由芝加哥市环保部门启动，也是市长理查德·戴利将芝加哥变成"全美最绿城市"计划的一部分。环境工程师、建筑师、景观设计师等设计人员花费数个月时间制定施工方案，工程共耗资2 500 000美元。

图 19-2 芝加哥市政厅屋顶花园
注：Diane Cook and Len Jenshel 摄，来自国家地理。
Figure 19-2 Roof garden on Chicago's city hall
Note：photo by Diane Cook and Len Jenshel, National Geographic.

芝加哥市政厅建造屋顶花园的初衷是想减缓城市空气污染，而经实践证明，屋顶花园的益处不限于此。芝加哥市政厅的这层绿色植被令市政厅出现冬暖夏凉的效果。夏天，这个花园通过一层潮湿的材料帮助大厦保持通体凉爽；到了冬季，屋顶花园又起着御寒保暖的隔热作用。屋顶花园落成后的第一个夏天，工作人员测量发现，绿色屋顶比普通屋顶吸收直晒太阳光热量减少 25%，屋顶表面温度比其他建筑平均低 21℃，屋顶空气温度低 9.4℃。夏日空气温度达 23℃时，市政厅屋顶花园内的温度计也显示 22℃，而隔壁一幢楼顶是柏油表面的大楼的温度却超过摄氏 67℃。根据 2009 年居住建筑在线监测杂志的统计数据，芝加哥市为目前北美绿色屋顶面积最大的城市（Pompeii，2010），而芝加哥市政厅的绿色屋顶自建成之日起便备受关注。研究表明该绿色屋顶可降低环境空气温度 0.24~1.77℃，降低屋顶表面温度 4~21℃。

除了降温效果以外，芝加哥市政厅屋顶花园的节能效果也非常明显。绿色屋顶夏天能减少热量吸收，冬天则能减少建筑大约 50% 的热量流失，这样可降低室内空调用电 25%。空中花园工程平均每年为市政厅节约能源开支 3600 美元。每年直接减少用电 9272 kW·h，相应减少天然气供暖 7372 kW·h（基忠，2008）。

如果像屋顶花园这样的绿色屋顶能够在市区普及，热岛效应就会显著降低。加拿大多伦多市政府 2005 年进行的一项研究表明，如果仅仅 8% 的建筑采用绿色屋顶，市区气温即可下降 2℃。

# 参 考 文 献

基忠. 2008. 芝加哥市政厅的"屋顶花园". 环境，(9)：84-85.

赵志刚，岳明. 2005. 城市屋顶花园的建设与效应. 科技情报开发与经济，15 (15)：165-167.

赵定国，唐鸣放，章正民. 2010. 轻型屋顶绿化夏降温冬保温的效果研究. 建筑节能，(4)：29-31.

Alexandria E, Jones P. 2008. Temperature decreases in an urban canyon due to green walls and green roofs in diverse climates. Build Environ, 43：480-493.

Bass B, Stull R, Krayenjoff S, et al. 2002. Modelling the impact of green roof infrastructure on the urban heat island in Toronto. Green roofs Infrastruct Monit, 4：2-3.

Castleton H F, Stovin V, Beck S B M, et al. 2010. Green roofs：building energy savings and the potential for retrofit. Energ Buildings, 42：1582-1591.

Chicago Climate Task Force. 2007. Climate change and Chicago projections and potential impacts. City of Chicago. Chicago Climate Action Plan (US), 11.

Davies M, Steadman P, Oreszczyn T. 2008. Strategies for the modification of the urban climate and the consequent impact on building energy use. Energ Policy, 36：4548-4551.

Getter K L, Rowe D B. 2006. The role of extensive green roofs in sustainable development. HortScience, 41：1276-1285.

Hien W N. 2002. Urban heat island effect：sinking the heat. Innovation, 3：16-18.

Kevin Y. 2011. Tapping into green roofs. Greenhouse Grower, 29 (3)：10.

Köhler M, Schmidt M, Grimme F H, et al. 2002. Green roofs in Temperate climates and in the hot-humid tropics-far beyond the aesthetics. Environ Manag Health, 13：382-391.

Kravitz R. 2006. A case for green roofs. Lodging Hospitality, 62：34-35.

Küesters P. 2004. Comparison of green roofs in Germany and China. Tech Market, 12：12-14.

Niachou A, Papaknonstantinou K, Santamouris M, et al. 2001. Analysis of the green roof thermal properties and investigation of its energy performance. Energ Buildings, 33: 719-729.

Oberndorfer E, Lundholm J, Bass B, et al. 2007. Green roofs as urban ecosystems: ecological structures, functions, and services. BioScience, 57: 823-833.

Onmura S, Matsumoto M, Hokoi S. 2001. Study on evaporative cooling effect of roof lawn gardens. Energ Buildings, 33: 653-666.

Ouldboukhitine S, Belarbi R, Jaffal I, et al. 2011. Assessment of green roof thermal behavior: A coupled heat and mass transfer model. Build Environ, 46: 2624-2631.

Pompeii II W C. 2010. Assessing urban heat island mitigation using green roofs: a hardware scale modeling approach. Pennsylvania, a thesis for the degree of Master of Science.

Robert K. 2006. A case for green roofs. Lodging Hospitality, 62: 34-35.

Santamourisa M, Pavlou C, Doukas P, et al. 2007. Investigating and analysing the energy and environmental performance of an experimental green roof system installed in a nursery school building in Athens, Greece. Energy, 32: 1781-1788.

Schmidt M. 2010. Ecological design for climate mitigation in contemporary urban living. Int J Water, 5: 337-352.

Sonne J. 2006. Evaluating green roof energy performance. ASHRAE, 48: 59-61.

Susca T, Gaffin S R, Dell'Osso G R. 2011. Positive effects of vegetation: Urban heat island and green roofs. Environ Pollut, 159: 2119-2126.

Takebayashi H, Moriyama M. 2007. Surface heat budget on green roof and high reflection roof for mitigation of urban heat island. Build Environ, 42: 2971-2979.

Teemusk A, Mander Ü. 2009. Green roof potential to reduce temperature fluctuations of a roof membrane: A case study from Estonia. Build Environ, 44: 643-650.

Zhang X, Shen L, Tam V W Y, et al. 2012. Barriers to implement extensive green roof systems: A Hong Kong study. Renew Sust Energ Rev, 16: 314-319.

# 第 20 章 城市水体蒸发对
# 城市热岛效应的缓解
## Mitigation of the effects of urban heat island
## by increasing urban waterbody evaporation

如今，城市下垫面改变所导致的城市热岛效应使得大城市气温居高不下，空调冷负荷增加 22% 以上（Davies et al.，2008），消耗大量能源。而城市中的水体作为城市生态环境功能的重要部分，在解决城市热气候方面具有优越性：①水体自身的热容量是土壤或混凝土的 2~3 倍，蓄热能力强；②水体可通过透射作用吸收太阳辐射热量，同时表面蒸发还可吸收大量汽化潜热（约 2500 kJ/ kg）；③河流一般具有较大的径流量，与小型的人工湖或水体景观相比，还可以通过流体流动来传输热量，自身温度容易保持在较低的水平；④河流表面平展，有利于"风道"的形成等（刘京等，2010）。例如，韩国首尔市清溪川改造工程，将封盖河流表面的水泥板拆除，重新实现了河流和大气之间的热湿交换，在使河流的生态功能得到恢复的同时，也改善了周边的热气候。改造后的夏季平均温度下降 0.4℃，平均风速提高 0.2m/s（曹相生等，2007）。但是反观中国城市的河道建设，由于一直以来过多地强调城市河流的经济功能，将河道人为硬化和渠化，大量采用混凝土或砖石材料加固岸堤和防洪墙将河道和滩地分开，阻隔了河流和城市内部的水蒸气及热量交换；同时，在城市建设中，迫于人口压力及经济发展需要，不得不挤占河道以获取更多的土地（如上海市近二十年的河道面积就减少了 25%）（汪松年和阮仁良，2001），使城市水面被人为侵占或缩窄。由于两岸布置了拥挤的建筑群，使城市河流的热气候调节功能弱化甚至衰退。

## 20.1 城市水体对城市热岛的缓解效应研究

近年来，国内外对于城市河流资源的研究主要集中在其自身的环境改善、生态修复、洪水治理以及景观建设等方面，对于城市河流在改善城市热岛效应方面的研究较少。城市河流对城市热气候的影响与河道水体面积、水深、径流量、河道两侧岸堤形式、周边建筑密度和布局、城市大气本身的特征等因素相关，是非常复杂的。迄今为止，相关研究根据研究手段可分为实测研究、模型试验研究和数值模拟研究三种。

## 20.1.1　实测研究

实测研究是通过选择城市河流水体表面或外围有代表性的测点，直接测量风速、温度、湿度等大气参数值，从而分析出河流对城市热气候的影响。通常这部分是基于一些如城市河流-大气热与水分收支特性等基础性研究而开展的，在Webb 等（2008）和 Caissie（2006）等的研究综述中对该部分的基础研究有较为详细的总结。有了理论基础，还需要在定点观测进行测量，以获得最为有效的数据。例如，杨凯等（2004）对上海地区包括河流在内的水体周边温度、湿度进行了定点观测，初步验证了河流对热气候的冷却效果，但缺乏深入的机理分析。日本的相关研究多一些，如武若等（1993）利用探空气球观测了城市河道上空的温度、湿度垂直分布，进而得到：当风呈正交方向通过河流进入周围街区时，其冷却效果所达距离为 150m 左右；深川健太等（2006）利用长期多点观测数据对包括自由水面在内的城市下垫面对应的风速、温度和湿度进行分析，发现在气温较高的春夏季，河面是白天城市的重要冷源。

## 20.1.2　模型试验研究

模型试验研究，是将实际的城市河流及周边区域按特定比例缩小为模型，将模型设置在风洞或室外进行测量研究。山本诚司等（1988）和成田健一（1992）利用风洞试验重点讨论了城市河流两岸岸堤、周围建筑物的密度和布局等因素的影响下河流热气候微冷却效果。研究得出，当岸堤高度达到周围建筑物平均高度的 1/3 以上时，河流表面的冷空气就将被遮挡而无法充分进入周围街区。但是模型研究很难将河流表面温度和湿度与实际情况对应，上述试验都回避了水面的热扩散，而只讨论湿气传输，这必然会造成与实际情况的偏差。

## 20.1.3　数值模拟研究

数值模拟研究是指在一些基本假定的基础上对城市河流和周边城市的大气空间建立数学物理模型，通过计算求解获得河流对热气候影响的相关信息。但这些数学建模很多针对较大尺度的静止水体，如张洪涛等（2004）利用中尺度三维准静力模型对长江三峡库区建成前后的温度和湿度场进行了对比研究。对于城市河流的应用还相对较少。

总体来说，目前国内外对于城市水体与城市热岛效应的影响尚不系统，仅有一些实地观测数据可供参考，在具体的影响理论体系上并不十分详尽。如我国武汉市水体对微气候调节研究（陈宏等，2011），主要集中在城市中江河等水体的冷却作用。武汉市夏季长江水面的表面温度为25℃，而同一时刻实测区域硬质地面的表面温度高于50℃，江面温度明显低于城市下垫面（道路、建筑表面等）的表面温度。滨江街区的气温分布也清楚地显示出江边气温较低，随着向街区内部延伸，气温呈现逐渐升高的趋势。这是由于江面的表面温度明显较低，对于江面附近的气流有着明显的冷却作用。同时江面开阔，滨水处江风的风速明显高于街区内部，因此江风对于夏季滨水区域的城市微气候具有良好的调节作用。

江西鄱阳湖水面多年平均最高气温比湖岸站、周围气象站低0.3~0.4℃，酷暑季节（8~9月）低0.7~0.9℃。

国内外对于水体的降温效果以及影响范围已经有了很多研究，我们把其中一些列于表20-1中。

**表20-1 水体对城市温度的影响效果**
**Table 20-1 Effects of waterbody on city temperature**

| 城市 | 水体名 | 面积/km² | 水体温度/℃ | 陆地温度/℃ | 影响距离/m | 距离市中心/km | 来源 |
|---|---|---|---|---|---|---|---|
| 北京 | 密云 | 98.68 | 26.44 | 32.86 | 2500 | 82 | Sun等（2012） |
| | 怀柔 | 7.07 | 27.3 | | 2000 | 55 | |
| | 十三陵 | 1.89 | 27.12 | | 1200 | 40 | |
| | 沙河 | 2.82 | 26.53 | | 800 | 30 | |
| | 红螺湖 | 0.48 | 28.17 | | 450 | 48 | |
| | 雁西湖 | 2.49 | 27.29 | | 400 | 50 | |
| | 昆明湖 | 2.36 | 28.68 | | 900 | 14 | |
| | 圆明园 | 0.67 | 30.35 | | 500 | 13 | |
| | 什刹海 | 2.26 | 30.92 | | 500 | 0 | |
| | 玉渊潭 | 0.46 | 29.05 | | 1100 | 8 | |
| | 温榆河 | 9.46 | 28.09 | | 900 | 20 | |
| | 北运河 | 10.01 | 28.5 | | 1000 | 30 | |
| | 清河 | 1.16 | 31.24 | | 800 | 25 | |
| | 怀沙河 | 2.47 | 26.56 | | 900 | 50 | |
| | 京密渠 | 3.89 | 28.23 | | 500 | 40 | |
| 上海 | 银锄湖 | 0.143 | 26.4 | 29.6 | — | 0 | 杨凯等（2004） |
| | 曹杨新村 | 0.02 | 22.4 | 25.6 | — | — | |
| | 太平桥 | 0.012 | 5.8 | 7.1 | — | — | |
| | 新虹桥 | 0.01 | 22.9 | 24.8 | — | — | |
| | 张家浜 | — | 35.5 | 37.6 | — | — | |
| | 苏州河 | — | 34.3 | 35.4 | — | — | |

续表

| 城市 | 水体名 | 面积<br>/km² | 水体温度<br>/℃ | 陆地温度<br>/℃ | 影响距离<br>/m | 距离市中心<br>/km | 来源 |
|---|---|---|---|---|---|---|---|
| 美国，印第<br>安纳波利斯 | — | — | 25.05 | 32.4 | — | — | Weng 等（2004） |
| 以色列，<br>Tel-Aviv | — | 42~84 | 9.7 | 18.5 | — | — | Saaroni 等（2000） |

注：水体温度为水体平均温度；影响距离为水体对城市温度的影响范围。

Note：Water temperature is mean water temperature；Influence distance is the influence range of water on city temperature.

## 20.2 案例介绍：上海中心城区水体案例

杨凯等（2004）在上海市中心城区河流及水体周边小气候效应分析中，比较了6处不同类型的城市河流及水体（水体条件见表20-2），对周边环境进行温度和相对湿度的实地监测，发现在长风公园下风向三点随离水体距离的增大而增大，温度呈梯度上升，三点的日平均温度分别为5.9℃、6.1℃、6.5℃，比上风向温度低0.5~1.1℃。通过比较不同时间轴上的数据，发现在环境温度值较高、湿度较低时，湖泊的小气候效应更加显著。最大上下风向温差为3.2℃，相对湿度相差13.7%。而将6个不同水体进行比较时，湖泊缓解城市热岛的效应与湖泊面积有较大关系，因此水体面积是一个重要因素。

表 20-2　上海的监测河流及水体概况
Table 20-2　General situation of monitored rivers and water bodies in Shanghai

| 水体名称 | 水体面积/万 m² | 水体形状 | 代表类型 |
|---|---|---|---|
| 长风公园银锄湖 | 14.3 | 近似圆形 | 市区大型公园湖泊水体 |
| 曹杨新村环沂 | 2.0 | 封闭环形，长2208m，宽8~14m | 居民住宅周边水体 |
| 太平桥绿地人工湖 | 1.2 | 边缘不规则长条形 | 大型公共绿地中的人工水体 |
| 新虹桥中心花园水塘 | 1.0 | 近似圆形 | 公共绿地中的近自然水体 |
| 张家洪（潍坊公园附近） | — | 河道，宽20~30m | 河道综合整治的代表水体 |
| 苏州河（中远两湾城附近） | — | 河道，宽约70m | 亲水住区水体 |

注：引自杨凯等（2004）。

Note：Cited from Yang et al（2004）.

例如，曹杨新村是一个典型的居民住宅周边水体，呈环状。在距离水体较远的1号点，其温度较离水体较近的2号和3号点高4℃左右，水体的降温效果十分明显。

在太平桥地区有一个定时开启的喷泉，通过对比，喷泉开启时，点1和点2

平均温差为 1.3℃。喷泉关闭时，平均温差为 1.0℃，说明喷泉进一步强化了水体的降温效应，从湿度数据上分析，点 1 和点 2 在喷泉开启前后平均湿度差由 7.5%降至 1.9%，喷泉的增湿作用可达到 5.5%左右，说明喷泉高压水柱产生大量水雾对空气的加湿作用较为强烈。

  总体来说，到目前为止我国关于水体气候效应的研究很少，其中又以中尺度的大型水库或湖泊研究为主。近年来城市河道的建设力度越来越大，已从单纯的水利治水扩展到景观绿化、防污治污的综合治理。但由于长期以来对城市河流开发利用理念上的偏差以及我国城市化进程的相对滞后，使河流对城市热气候影响的研究基本停留在定性分析阶段，还没有系统深入地开展这方面的研究工作。通过水利、规划、生态环境等多学科的交叉，加大力度研究城市河流对城市热气候的影响，对于更好地发挥我国城市河流的生态功能潜力、合理开发利用城市河流资源、维持城市生态系统的可持续发展具有重要意义。

## 参 考 文 献

曹相生，林齐，孟雪征，等．2007．韩国首尔市清溪川水质恢复的经验与启示．给水排水动态，(6)：8-10.

陈宏，李保峰，周雪帆．2011．水体与城市微气候调节作用研究——以武汉为例．建设科技，(22)：35-37.

成田健一．1992．都市内河川の微気象の影響範囲に及ぼす周建物配列の影響に関する風洞実験．日本建筑学会計画系論文報告集，(12)：27-35.

刘京，朱岳梅，郭亮，等．2010．城市河流对城市热气候影响的研究进展．水利水电科技进展，30 (6)：90-94.

山本诚司，中村安弘，水野稔，等．1988．都市微気象に及ぼす水系の影響に関する研究．见：卫生工学会学术讲演会论文集．东京：日本空気调和卫生工学会，1081-1084.

深川健太，嶋澤貴大，村川三郎，等．2006．開発が進む地方都市の田圃．ため池周辺と市街地の四季を通した気温形成状況の比較．日本建築学会環境系論文集，(605)：95-102.

汪松年，阮仁良．2001．上海市水资源普查报告．上海：上海市科学技术出版社．

武若，池田俊介，平山孝浩，等．1993．都市内河川の冷却効果．土木学会论文集，(479)：11-20.

杨凯，唐敏，刘源，等．2004．上海中心城区河流及水体周边小气候效应分析．华东师范大学学报 (自然科学版)，(3)：105-114.

张洪涛，祝昌汉，张强．2004．长江三峡水库气候效应数值模拟．长江流域资源与环境，13 (2)：133-137.

Caissie D. 2006. The thermal regime of rivers: a review. Freshwater Biol, 51: 1389-1406.

Davies M, Steadman P, Oreszczyn T. 2008. Strategies for the modification of the urban climate and the consequent impact on building energy use. Energ Policy, 36: 4548-4551.

Saaroni H, Ben-Dor E, Bitan A, et al. 2000. Spatial distribution and micro scale characteristics of the urban heat island in Tel-Aviv, Israel. Landscape Urban Plan, 48: 1-18.

Sun R, Chen A, Chen L, et al. 2012. Cooling effects of wetlands in an urban region: the case of Beijing. Ecol Indic, 20: 57-64.

Webb B W, Hannah D M, Moore R D, et al. 2008. Recent advances in stream and river temperature research. Hydrol Process, 22: 902-918.

Weng Q, Lu D, Schubring J. 2004. Estimation of land surface temperature-vegetation abundance relationship for urban heat island studies. Remote Sens Environ, 89: 467-483.

# 第21章 案例研究：基于遥感的深圳市城市热岛效应研究

Case study：studies of the effects of urban heat island
in Shenzhen based on remote sensing

陈婉（2013）对深圳市的城市热岛做了比较系统的遥感研究。热红外遥感手段具有的大尺度区域覆盖、易于获取等优势，是区域研究地表温度及相关参数的理想研究工具。MODIS 是美国国家航空航天局、日本国际贸易与工业厅、加拿大空间局、多伦多大学共同合作发射的卫星 TERRA 上的一个中分辨率传感器。MODIS 数据能够反映出区域城市化进程中区域地表热环境的变化，是城市气候环境研究中很好的数据源，具有覆盖范围大、时空分辨率高、获取途径简单等诸多优点，能够很好地用来研究下垫面与地表温度之间的关系，具有气象站数据不能比拟的优势。本章节研究基于 NASA 官网下载的所能获得的自 2000 年起至 2010 年止所有的 MODIS 遥感影像作为数据源。该数据源全面覆盖了整个深圳市范围，是用以研究深圳市整体地表温度与热岛强度很好的数据源。

作为中国重要的国际门户，深圳是世界上经济发展最快的城市之一，快速城市化和产业结构调整使城市热环境变化剧烈，使其成为研究城市热环境的理想对象。城市化快速发展能够造成土地利用/覆盖状况的改变，同时在一定程度上导致原有局地或区域气候特征发生变化。城市热环境作为城市生态环境评价的重要代表指标之一，其空间分布格局和演变规律与城市地表覆被变化和人类社会经济活动密切相关，是城市生态环境状况的综合概况与体现。本章节选取深圳为研究区域，利用 MODIS 地表温度产品，研究深圳地区近十几年来地表温度的时空分布规律，以期为深圳地区区域热岛以及气候变化等热环境方面问题的深入探讨提供研究基础。

## 21.1 深圳市城市热岛空间分布特征

### 21.1.1 深圳市地表温度变化特征

地表温度被定义为地面与大气接触面的温度（Niclos et al.，2011），因此地表温度是理解地表–大气相互作用关系的一个重要变量，对地表能量平衡的研究有着重要的意义。地表温度也是环境应用中的一项关键性参数，相关环境应用，如包含能量与水通量的气象，气候与水文学研究，灌溉需求估算，森林火灾风险预警、检测和监测，空气温度与湿度检测，叶片湿度估算，荒漠化、森林采伐与气候变化监测。此外，频繁和准确的地表温度监测可以帮助提高自然灾害预测以及昼夜热循环的分析能力。

　　研究最终得出深圳市 2000~2010 年近 11 年地表温度夜间平均值为 19.51℃；日间平均值为 26.16℃，该值与深圳市气象局于 2009 年公布的深圳市裸露泥土表面的多年平均地面温度约为 25℃ 相比，略有偏高。从 2000~2010 年深圳市地表温度变化曲线可以看出（图 21-1），近 10 年深圳市地表温度昼夜变化趋势基本一致，日间温度保持在 26℃ 上下波动，但于 2005 年出现了 24.86℃ 的较低值；夜间温度趋势较平稳，稳定在 19℃ 的基准线以上。地表温度的变化本身就是在长时间序列中缓慢波动的，研究所得十几年的变化趋势亦符合此规律。日夜温差变化的对比分析表明，深圳市日间地表温度近些年趋于较大波动，这可能与白天较为剧烈的人为活动有关；同时从年际变化的对比中也可以看出夏天的昼夜温差趋于减小，冬季昼夜温差趋于增大。从研究数据中也发现近些年昼夜温差的极值趋于增大，并于 2010 年 2 月出现了昼夜温差的最大值 11.85℃，可见极端天气的出现频率可能有增加趋势。

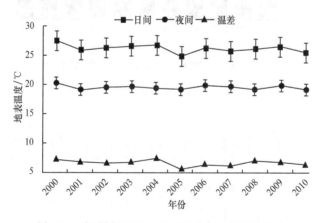

图 21-1　深圳市 2000~2010 年地表温度变化曲线

Figure 21-1　Land surface temperature change curve of Shenzhen city from the year 2000 to 2010

　　依据通用温区划分标准，对 2000~2010 年深圳全市的地表温度值按照表 21-1 中的说明区分出高温区、常温区以及低温区，将高温区与低温区视为温度变化的异常区，作为极端变化天气进行处理分析（图 21-2，图 21-3）。结果表明高温区与低温区范围均在一定范围波动，且夜间波动较日间稍微偏大，这与地表温度变化曲线走势一致。

表 21-1　不同地表温度区间的范围确定

Table 21-1　Scope definition for different land surface temperature range

| 区间 | 范围 |
|---|---|
| 高温区 | $T_s > (a+S_d)$ |
| 常温区 | $(a-S_d) \leqslant T_s \leqslant (a+S_d)$ |
| 低温区 | $T_s < (a-S_d)$ |

注：$a$ 为地表温度平均值；$S_d$ 为标准差。

Note：$a$ is the mean temperature of land surface；$S_d$ is standard deviation.

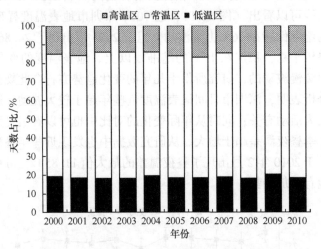

图 21-2　深圳市 2000~2010 年日间温度区间变化

Figure 21-2　Shenzhen daytime temperature range change from the year of 2000 to 2010

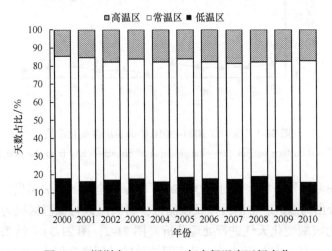

图 21-3　深圳市 2000~2010 年夜间温度区间变化

Figure 21-3　Shenzhen nighttime temperature range change from the year of 2000 to 2010

　　利用地理信息系统数据处理工具生成深圳市 2000～2010 年地表温度（land surface temperature，LST）空间分布图（图 21-4～图 21-25）。从图中可以看出，深圳市地表温度的空间分布格局明显，高温区域主要集中于工业发达、人口稠密的宝安区、福田区、龙岗中心区等行政区域；温度较低的区域主要集中于人口与工业活动相对较少、植被覆盖率较高的深圳东南地区，包括龙岗区的大鹏半岛等地区。影响地表温度的因素主要有纬度、海拔、地表植被覆盖状况和人为活动剧烈程度等。深圳市多样的地形和地表覆盖状况等条件，也部分决定了其地表温度的空间分布格局。从图中反映的情况可以看出，整个深圳市高温分布区域也在某种程度上说明地表温度的空间分布与工业生产和人为活动的剧烈情况密不可分。

　　研究同样可以发现，即使在温度较低的大鹏半岛的坪山、南澳等地区，日间地表温度也逐渐形成了新的小规模高温区，并呈现以高温区域为圆心向外扩张的趋势；夜间规律则与日间相反，参照同年份间的日夜地表温度变化情况，日间表现出温度较低的区域往往于夜间形成了规模性的冷岛效应，且冷岛区域的位置相对固定。

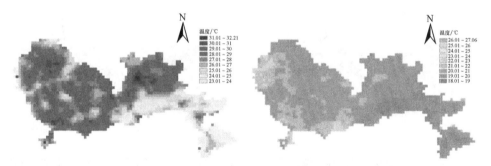

图 21-4　深圳市 2000 年日间地表温度分布图　　图 21-5　深圳市 2000 年夜间地表温度分布图

Figure 21-4　Shenzhen daytime LST in 2000　　　Figure 21-5　Shenzhen nighttime LST in 2000

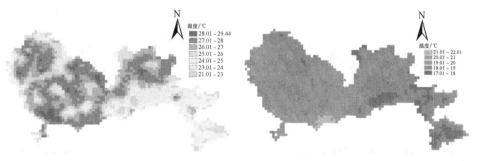

图 21-6　深圳市 2001 年日间地表温度分布图　　图 21-7　深圳市 2001 年夜间地表温度分布图

Figure 21-6　Shenzhen daytime LST in 2001　　　Figure 21-7　Shenzhen nighttime LST in 2001

综上，深圳市地表温度空间分布格局明显，高温区域主要集中于工业发达、人口稠密的城市区域；低温区域主要集中于人口与工业活动相对较少、植被覆盖率较高的深圳东南地区。然而即使在温度较低的大鹏半岛等地区，新的小规模高温区域也在逐渐形成。深圳市地表高温区域空间的扩张趋势不容忽视。以城市热岛强度为指标的深圳市热环境空间分布情况见下节。

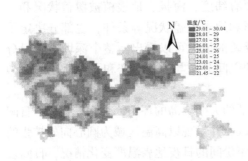

图 21-8　深圳市 2002 年日间地表温度分布图

Figure 21-8　Shenzhen daytime LST in 2002

图 21-9　深圳市 2002 年夜间地表温度分布图

Figure 21-9　Shenzhen nighttime LST in 2002

图 21-10　深圳市 2003 年日间地表温度分布图

Figure 21-10　Shenzhen daytime LST in 2003

图 21-11　深圳市 2003 年夜间地表温度分布图

Figure 21-11　Shenzhen nighttime LST in 2003

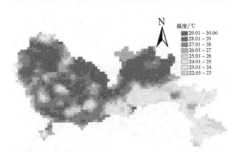

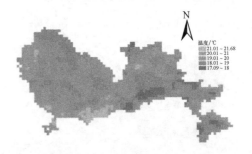

图 21-12　深圳市 2004 年日间地表温度分布图

Figure 21-12　Shenzhen daytime LST in 2004

图 21-13　深圳市 2004 年夜间地表温度分布图

Figure 21-13　Shenzhen nighttime LST in 2004

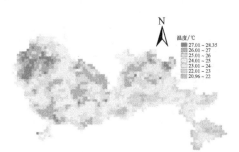

图 21-14    深圳市 2005 年日间地表温度分布图
Figure 21-14    Shenzhen daytime LST in 2005

图 21-15    深圳市 2005 年夜间地表温度分布图
Figure 21-15    Shenzhen nighttime LST in 2005

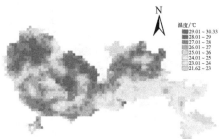

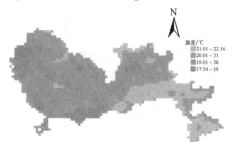

图 21-16    深圳市 2006 年日间地表温度分布图
Figure 21-16    Shenzhen daytime LST in 2006

图 21-17    深圳市 2006 年夜间地表温度分布图
Figure 21-17    Shenzhen nighttime LST in 2006

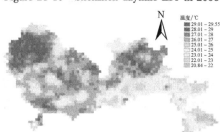

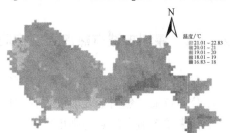

图 21-18    深圳市 2007 年日间地表温度分布图
Figure 21-18    Shenzhen daytime LST in 2007

图 21-19    深圳市 2007 年夜间地表温度分布图
Figure 21-19    Shenzhen nighttime LST in 2007

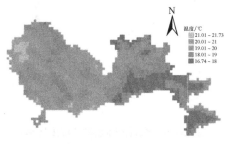

图 21-20    深圳市 2008 年日间地表温度分布图
Figure 21-20    Shenzhen daytime LST in 2008

图 21-21    深圳市 2008 年夜间地表温度分布图
Figure 21-21    Shenzhen nighttime LST in 2008

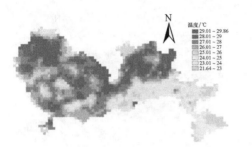

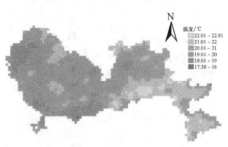

图 21-22　深圳市 2009 年日间地表温度分布图　　图 21-23　深圳市 2009 年夜间地表温度分布图

Figure 21-22　Shenzhen daytime LST in 2009　　Figure 21-23　Shenzhen nighttime LST in 2009

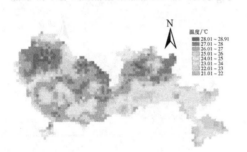

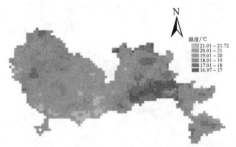

图 21-24　深圳市 2010 年日间地表温度分布图　　图 21-25　深圳市 2010 年夜间地表温度分布图

Figure 21-24　Shenzhen daytime LST in 2010　　Figure 21-25　Shenzhen nighttime LST in 2010

## 21.1.2　深圳市城市热岛强度空间分布特征

深圳市 2000~2010 年地表温度空间分布图反映出了较为明确的深圳市地表温度分布特征，然而地表温度也仅仅能反应大体的城市冷热分布情况，并不能准确的代表整个城市的热岛强度空间分布特征。

为了进一步对深圳市城市热岛效应强度进行深入分析，研究基于城市热岛效

图 21-26　深圳市郊区参考温度区域图

Figure 21-26　Reference temperature region of suburb in Shenzhen

应表达模型 $H=\dfrac{t-t_{sub}}{t_{max}-t_{min}}$ 对深圳市的城市热岛效应进行反演，上式中 $t_{sub}$ 的定义应取郊区的地表平均温度，但针对深圳市特殊的发展情况而言，深圳市并无城乡之分，因此就并无标准意义上的郊区。根据深圳市的具体情况，本研究将 $t_{sub}$ 的温度选为高植被覆盖度温度较低的山体区域的平均值，即取上图中阴影所示区域的平均温度（图 21-26）。该区域植被覆

盖度高，从多年处理所得的低温反演数据也可以看出区域温度持续稳定较低。

2000~2010 年，深圳市热岛强度分布所得处理结果如下图所示（图 21-27～图 21-48），整体分布规律与地表温度分布较为一致，而且热岛强度分布图所表现出的热岛中心与冷岛中心较地表温度分布图而言，愈加分明和具体。

从图中能够明显看出深圳市日间热岛强度值较大的区域主要集中于宝安区的西北部、光明新区的西南部、龙华新区、南山区的东南部、福田区、罗湖区的西南部、坪山新区的东北部、龙岗区的西南与东北部。大鹏新区、盐田区以及罗湖区的东北部十年间除个别区域外均未出现较强的热岛效应。

深圳市夜间的热岛强度分布规律同样较为固定，且大部分区域与日间强度较大的区域吻合，较强热岛出现在龙华新区、南山区、福田区、宝安区等，只不过在不同区域出现不同程度的加强或削弱现象。例如，相较于日间，坪山新区夜间的热岛强度明显减弱，夜间龙岗区的东北部也有所减弱，而南山区、福田区、宝安区西部夜间的热岛强度值则明显的增强。

选取 2004 年、2007 两年的日间、夜间热岛强度进行对比可以发现，这两年夜间的热岛强度明显高于日间，区域主要集中于宝安、南山、福田等地，可见在有些年份中，夜间的热岛强度值要明显地高于日间。

图 21-27　深圳市 2000 年日间热岛强度分布　　图 21-28　深圳市 2000 年夜间热岛强度分布
Figure 21-27　Shenzhen daytime UHII in 2000　　Figure 21-28　Shenzhen nighttime UHII in 2000

图 21-29　深圳市 2001 年日间热岛强度分布　　图 21-30　深圳市 2001 年夜间热岛强度分布
Figure 21-29　Shenzhen daytime UHII in 2001　　Figure 21-30　Shenzhen nighttime UHII in 2001

图 21-31　深圳市 2002 年日间热岛强度分布　　图 21-32　深圳市 2002 年夜间热岛强度分布
Figure 21-31　Shenzhen daytime UHII in 2002　　Figure 21-32　Shenzhen nighttime UHII in 2002

图 21-33　深圳市 2003 年日间热岛强度分布　　图 21-34　深圳市 2003 年夜间热岛强度分布
Figure 21-33　Shenzhen daytime UHII in 2003　　Figure 21-34　Shenzhen nighttime UHII in 2003

图 21-35　深圳市 2004 年日间热岛强度分布　　图 21-36　深圳市 2004 年夜间热岛强度分布
Figure 21-35　Shenzhen daytime UHII in 2004　　Figure 21-36　Shenzhen nighttime UHII in 2004

图 21-37　深圳市 2005 年日间热岛强度分布　　图 21-38　深圳市 2005 年夜间热岛强度分布
Figure 21-37　Shenzhen daytime UHII in 2005　　Figure 21-38　Shenzhen nighttime UHII in 2005

图 21-39　深圳市 2006 年日间热岛强度分布　　图 21-40　深圳市 2006 年夜间热岛强度分布

Figure 21-39　Shenzhen daytime UHII in 2006　　Figure 21-40　Shenzhen nighttime UHII in 2006

图 21-41　深圳市 2007 年日间热岛强度分布　　图 21-42　深圳市 2007 年夜间热岛强度分布

Figure21-41　Shenzhen daytime UHII in 2007　　Figure 21-42　Shenzhen nighttime UHII in 2007

图 21-43　深圳市 2008 年日间热岛强度分布　　图 21-44　深圳市 2008 年夜间热岛强度分布

Figure 21-43　Shenzhen daytime UHII in 2008　　Figure 21-44　Shenzhen nighttime UHII in 2008

图 21-45　深圳市 2009 年日间热岛强度分布　　图 21-46　深圳市 2009 年夜间热岛强度分布

Figure 21-45　Shenzhen daytime UHII in 2009　　Figure 21-46　Shenzhen nighttime UHII in 2009

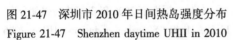

图 21-47　深圳市 2010 年日间热岛强度分布　　图 21-48　深圳市 2010 年夜间热岛强度分布

Figure 21-47　Shenzhen daytime UHII in 2010　　Figure 21-48　Shenzhen nighttime UHII in 2010

# 21.2　深圳市城市热岛年际变化规律

　　基于所得 2000~2010 年遥感影像数据处理可得各年份日、夜热岛强度值分布图，并分别统计每年日、夜间的热岛强度的最大值（max）、最小值（min）以及平均值（avg），以期研究整个深圳区域十多年来的热岛强度年际变化规律。

## 21.2.1　深圳市城市热岛效应日间变化规律

　　2000~2010 年深圳市日间热岛强度的具体数据见表 21-2 和图 21-49。从图表中可以看出，2000~2010 年间深圳市热岛强度日间并未出现大幅度的变化情况，而是呈现出整体较为平稳的波动走向。年际间热岛强度的最大值、最小值、平均值的变化趋势也不尽相同，其中热岛强度最大值与最小值的变化趋势呈现出相当吻合的一致性。然而为了排除极端数值，并对整个深圳市的热岛强度变化有整体的把握，研究选择每年热岛强度平均值的走向作为热岛强度年际间变化的主要分析依据。从图 21-49 中可以得出，日间热岛强度波动变化的三个小规模峰，分别出现在 2001 年、2004 年、2009 年，而这三年对应的热岛强度值分别为 0.3541、0.3590、0.3756，呈现逐年增大的趋势。

　　基于既得数据可知，深圳市整体日间热岛强度变化幅度虽然不是特别显著，但热岛强度自身仍呈现出逐年增高的趋势，且每个变动波峰到波谷的时间也在逐渐延长，周期从 1 年变为 2 年并最终到 2009 年变为 3 年。

表 21-2　深圳市 2000~2010 各年份日间热岛强度值

Table 21-2　Shenzhen daytime UHII from the year of 2000 to 2010

| 年份 | 最大值 | 最小值 | 平均值 |
|------|--------|--------|--------|
| 2000 | 0.8135 | −0.1865 | 0.3021 |
| 2001 | 0.7998 | −0.2002 | 0.3541 |
| 2002 | 0.7594 | −0.2406 | 0.3109 |
| 2003 | 0.7988 | −0.2012 | 0.3433 |
| 2004 | 0.7681 | −0.2319 | 0.3590 |
| 2005 | 0.8014 | −0.1986 | 0.3298 |
| 2006 | 0.7776 | −0.2224 | 0.2983 |
| 2007 | 0.7499 | −0.2501 | 0.3222 |
| 2008 | 0.7556 | −0.2444 | 0.3310 |
| 2009 | 0.7901 | −0.2099 | 0.3756 |
| 2010 | 0.7504 | −0.2496 | 0.3274 |

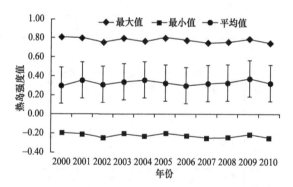

图 21-49　深圳市 2000~2010 年日间热岛强度变化

Figure 21-49　Shenzhen daytime UHII from the year of 2000 to 2010

## 21.2.2　深圳市城市热岛效应夜间变化规律

2000~2010 年，深圳市夜间热岛强度的具体数据见表 21-3 和图 21-50。2000 ~ 2010 年，深圳市热岛强度夜间的变化规律。夜间热岛强度最大值与最小值的变化同样展示出和谐的一致性，然而研究仍选择每年热岛强度平均值的走向作为热岛强度年际间变化的主要分析依据。可以发现十几年来夜间与日间变化趋势存在较大差别，最突出的变化特征为，相比于日间的小幅度增值，夜间的热岛强度值十几年的变化显著，且呈阶梯状的增长趋势，平稳的阶梯状保持时期大致维持在 3 年，最近的 2010 年，深圳市夜间的热岛强度平均值达到了最高。

表 21-3　深圳市 2000～2010 各年份夜间城市热岛强度值
Table 21-3　Shenzhen nighttime UHII from the year of 2000 to 2010

| 年份 | 最大值 | 最小值 | 平均值 |
| --- | --- | --- | --- |
| 2000 | 0. 9274 | −0. 0726 | 0. 2088 |
| 2001 | 0. 8469 | −0. 1531 | 0. 2920 |
| 2002 | 0. 8839 | −0. 1161 | 0. 3599 |
| 2003 | 0. 8774 | −0. 1226 | 0. 3672 |
| 2004 | 0. 8699 | −0. 1301 | 0. 3632 |
| 2005 | 0. 8683 | −0. 1317 | 0. 3162 |
| 2006 | 0. 9082 | −0. 0918 | 0. 3985 |
| 2007 | 0. 8294 | −0. 1706 | 0. 3893 |
| 2008 | 0. 8975 | −0. 1025 | 0. 3907 |
| 2009 | 0. 8962 | −0. 1038 | 0. 3264 |
| 2010 | 0. 8293 | −0. 1707 | 0. 3867 |

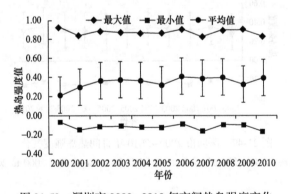

图 21-50　深圳市 2000～2010 年夜间热岛强度变化
Figure 21-50　Shenzhen nighttime UHII from the year of 2000 to 2010

深圳市 2000～2010 年日、夜热岛强度如图 21-51 所示。在所研究的 11 年间存在 7 年的夜间热岛强度值高于日间热岛强度值，深圳市夜间热岛强度作用高于日间的年份也恰为阶梯状增长的平台阶段。综上对深圳市日间、夜间热岛强度的分析，可见深圳市夜间热岛强度总体而言对该市的作用效果更加显著，且变化幅度较日间也偏大。

深圳市地表温度的高温区与低温区均在一定范围内波动，且夜间的波动幅度较日间略微偏大，该基本规律与遥感数据处理所得的 2000～2010 年深圳市热岛效应年际间的变化规律基本吻合。

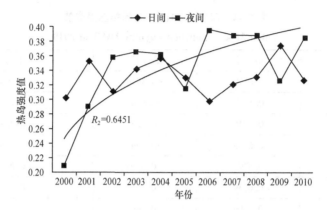

图 21-51　深圳市 2000～2010 年日、夜热岛强度均值对比图

Figure 21-51　Comparison of daytime and nighttime's UHII from the year of 2000-2010 in Shenzhen

# 21.3　深圳市城市热岛季相变化规律

## 21.3.1　深圳市城市热岛季相日间变化规律

城市热岛效应在一年之内也会随着季节的变化表现出不同的特征。为了探寻深圳市一年内的热岛强度季相变化规律，研究选取 2010 年内春夏秋冬四季的热岛强度的平均值作为研究其季节变化特征的对象。统计所得的 2010 年 1 月至 12 月间深圳市日间热岛效应最大值、最小值、平均值见表 21-4。

从 2010 年深圳市日间热岛强度变化趋势（图 21-52）可以看出，2010 年内深圳市日间的热岛强度存在较为明显的季节变化特征：春季（3 月、4 月、5 月）日间热岛强度较大，3 月份达到整个春季的最大值 0.2581，整个春季深圳市日间表现出稳定持续的较高热岛强度现象；夏季（6 月、7 月、8 月）日间热岛强度较低，甚至在 6 月份出现了全年热岛强度的最低值 0.1249；秋季（9 月、10 月、11 月）日间热岛强度值持续走高，11 月份达到了全年热岛强度的最大值 0.3730；冬季（12 月、1 月、2 月）日间继秋季的高值后开始走低，12 月份在继 11 月份的最大值后作为缓冲月份仍表现出了全年第二高的热岛强度值 0.3465，然而接下来的 1 月与 2 月的热岛强度则陡然降低，并在 2 月份出现全年第二低的热岛强度值 0.1353，可见冬季 3 个月间的热岛强度变化较为剧烈。

综上，2010 年深圳市日间的秋季热岛强度最大，并于 11 月份出现全年最大值；春季热岛强度次之，走势平稳；冬季整体热岛强度较低，但某些月份仍出现较高值；夏季日间则表现出较低的热岛强度值。

**表 21-4　深圳市 2010 年日间热岛强度值**

**Table 21-4　Shenzhen daytime UHII in 2010**

| 月份 | 最大值 | 最小值 | 平均值 |
|---|---|---|---|
| 01 | 0.6160 | −0.3840 | 0.2041 |
| 02 | 0.5338 | −0.4662 | 0.1353 |
| 03 | 0.6746 | −0.3254 | 0.2581 |
| 04 | 0.6305 | −0.3695 | 0.2552 |
| 05 | 0.6295 | −0.3705 | 0.2264 |
| 06 | 0.6139 | −0.3861 | 0.1249 |
| 07 | 0.6509 | −0.3491 | 0.1504 |
| 08 | 0.5728 | −0.4272 | 0.1326 |
| 09 | 0.7138 | −0.2862 | 0.1816 |
| 10 | 0.7210 | −0.2790 | 0.2081 |
| 11 | 0.8249 | −0.1751 | 0.3730 |
| 12 | 0.7516 | −0.2484 | 0.3465 |

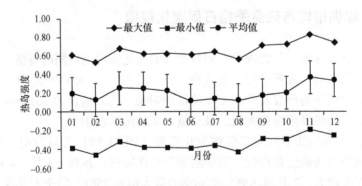

图 21-52　深圳市 2010 年日间热岛强度变化趋势

Figure 21-52　Change trend of Shenzhen daytime UHII in 2010

## 21.3.2　深圳市城市热岛季相夜间变化规律

2010 年深圳市夜间热岛强度的具体数据见表 21-5 和图 21-53。从 2010 年深圳市夜间热岛强度变化趋势（图 21-53）可以看出，2010 年内深圳市夜间的热岛强度同样存在较为明显的季节变化特征：春季（3月、4月、5月）夜间的热岛强度值普遍较低，4月份达到整个春季的最小值0.0956，整个春季深圳市夜间热岛强度表现出波动的特点；夏季（6月、7月、8月）夜间热岛强度较高，于7月份出现了夏季夜间热岛强度的最高值0.3626；秋季（9月、10月、11月）夜间热岛强度值并不稳定，整体也没有日间表现出的持续上升的走势，于10月份达到秋季夜间热岛强度的最低值0.0750；冬季（12月、1月、2月）夜间与日间的热岛强度也表现出较为不一致的特征，12月份没有了日间显著的热岛强度特征，反而出现了全年的最低值0.0216，而全年夜间的最高值则出现在了2月份，为0.3967，2010年夜间的最高、最低的热岛强度值均出现在冬季，表现出来的冬季热岛强度变化特征则与日间规律较为一致。

2010年内深圳市夜间的冬季热岛强度最大，以2月份最强；夏季热岛强度次之，于7月份出现最高值；春季、秋季则均作为过渡季节并未表现出强烈的城市热岛效应。

对比2010年内深圳市日间、夜间的热岛强度变化也可以得出，日间、夜间的热岛强度变化趋势整体相反：日间热岛强度较大的春季、秋季反而在夜间热岛强度变化并不大；而夜间热岛强度较大的夏季、冬季在日间变化也并不大。

**表 21-5　深圳市 2010 年夜间热岛强度值**
**Table 21-5　Shenzhen nighttime UHII in 2010**

| 月份 | 最大值 | 最小值 | 平均值 |
|:---:|:---:|:---:|:---:|
| 01 | 0.5492 | −0.4508 | 0.0725 |
| 02 | 0.8229 | −0.1771 | 0.3967 |
| 03 | 0.7290 | −0.2710 | 0.1786 |
| 04 | 0.4952 | −0.5048 | 0.0956 |
| 05 | 0.7153 | −0.2847 | 0.2134 |
| 06 | 0.6300 | −0.3700 | 0.2507 |
| 07 | 0.7525 | −0.2475 | 0.3626 |
| 08 | 0.7078 | −0.2922 | 0.2643 |
| 09 | 0.5904 | −0.4096 | 0.2414 |
| 10 | 0.3456 | −0.6544 | 0.0750 |
| 11 | 0.6654 | −0.3346 | 0.2117 |
| 12 | 0.7073 | −0.2927 | 0.0216 |

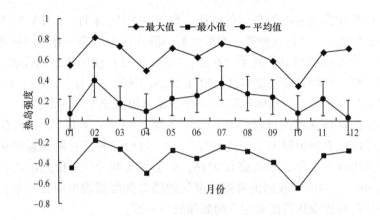

图 21-53  深圳市 2010 年夜间热岛强度变化趋势

Figure 21-53  Change trend of Shenzhen nighttime UHII in 2010

# 21.4  深圳市热岛强度变化与社会经济关系

在深圳市热岛强度与地表温度稳步升高的 11 年间，深圳市人口同样发生了剧烈的变化。2000 年第五次人口普查深圳市人口在普查标准时间的地区间分布及人口密度见表 21-6，此时全市人口的密度为 3596 人/km²。人口密度最高的福田区在 2000 年的热岛强度分布图中表现出明显的热岛现象，人口次之的罗湖、南山区同样表现出较强的热岛强度值，该结果与前人有关人口和热岛强度相关性的研究结论是相吻合的。

**表 21-6  深圳市第五次人口普查数据**（2000 年）

**Table 21-6  Shenzhen fifth population census data in 2000**

| 区划名称 | 普查登记人口数/人 | 人口密度/（人／km²） |
|---|---|---|
| 全市合计 | 7 008 428 | 3 596 |
| 特区内 | 2 558 551 | 6 532 |
| 福田区 | 909 325 | 11 652 |
| 罗湖区 | 774 766 | 9 821 |
| 南山区 | 722 093 | 4 395 |
| 盐田区 | 152 367 | 2 162 |
| 特区外 | 4 449 877 | 2 858 |
| 宝安区 | 2 735 033 | 3 836 |
| 龙岗区 | 1 714 844 | 2 032 |

表 21-7 给出了 2010 年深圳市第六次全国人口普查的主要数据（广东统计年鉴，2011）：全市常住人口为 10 357 938 人，同第五次全国人口普查 2000 年 11 月 1 日零时的 7 008 428 人相比，十年共增加 3 349 510 人，增长了 47.79%，年平均增长率为 3.98%。普查数据同时显示：全市人口密度为 5201 人/km²，同 2000 年第五次全国人口普查的 3596 人/km² 相比，增加了 1605 人/km²。福田区、罗湖区人口密度明显高于其他各区，人口密度最高的福田区达到了 16 756 人/km²，是人口密度最低的坪山区的 1852 人/km² 的 9 倍。综上，人口分布情况与基于 MODIS 数据的城市热岛效应强度与地表温度分布情况高度吻合，福田区、罗湖区十一年间持续表现为热岛强度高值区，而人口分布最稀疏的坪山区，加之其良好的植被覆盖度一直保持热岛轻度的低值，甚至长期保持冷岛的状态。

**表 21-7　深圳市 2010 年各区面积与人口数据**

**Table 21-7　Shenzhen district area and population data in 2010**

| 区划名称 | 面积/km² | 常住人口/人 | 人口密度/（人/km²） |
| --- | --- | --- | --- |
| 深圳全市 | 1991.64 | 10 357 938 | 5 201 |
| 盐田区 | 74.64 | 208 861 | 2 798 |
| 福田区 | 78.66 | 1 318 055 | 16 756 |
| 罗湖区 | 78.75 | 923 423 | 11 726 |
| 光明新区 | 155.44 | 481 420 | 3 097 |
| 坪山新区 | 167.00 | 309 211 | 1 852 |
| 南山区 | 185.11 | 1 087 936 | 5 877 |
| 宝安区 | 569.19 | 4 017 807 | 7 059 |
| 龙岗区 | 682.85 | 2 011 225 | 2 945 |

社会经济方面的发展情况通常用社会总产值 GDP 衡量。2000 年深圳 GDP 总量为 2187 亿元，人均 32 800 元；2005 年增至 4951 亿元，增速 15%，人均 60 801 元。2010 年深圳 GDP 总量达到 9582 亿元，增幅为 12.1%，人均 84 147 元。基于之前的研究分析可得深圳市夜间热岛强度变化规律明显，因此分别选取 2000 年、2005 年和 2010 年三年的夜间热岛强度值作为对比研究对象。这三年的夜间热岛强度值分别为 0.2088、0.3162、0.3867，同样呈现出明显的增长幅度，推测热岛强度受经济社会的正向影响。虽然目前的数据基础无法对热岛强度的变化与人口及社会经济活动的关系进行定量性的探索，但通过以上的论证支持了前人有关热岛强度与人口相关性的结论，同时也对热岛强度与社会经济活动正向推进的关系进行大胆的推测，得出基本的定性结论。

# 21.5 讨 论

　　作为不可控因素的气象与气候条件，它们通常比地理特征因素对城市热岛效应的影响更大，因此可能导致不同时段不同气候条件下，相同区域的热岛强度表征不同。本研究的结果与张恩洁等（2007）基于深圳市气象局自动气象站数据的结果大体一致：首先，深圳市的热岛效应表现为明显的多中心现象，这与本研究结论中的空间分布特征相一致。不同的研究手段依赖不同的数据源与研究方法，可能导致略有差别的研究结果。在张恩洁等（2007）的研究中，不同季节热岛强度日间变化表现为：春季、夏季傍晚时段热岛强度值较大；秋季、冬季午后时段热岛强度值较大。而时段的选择更倾向于依赖自动气象站点的既得数据的获取时间，因而选择了傍晚或午后等时段。本研究则基于大尺度遥感影像，选择不同季节的白天或夜间作为不同时间的分隔：夏季、冬季夜间热岛强度较大；春季、秋季日间热岛强度较大。

　　结合深圳市地名总体规划中的建设用地布局规划图与街区划分规划图（图21-54和图21-55），不难发现深圳市热岛强度分布图中热岛强度较高的红色区域与深圳市主要街区范围完全吻合，而这些对应街区的土地利用类型分别为居住用地、工业用地、政府社团用地、道路广场用地以及商业服务业设施用地等，这些地区人为活动剧烈，工业生产密集，可见城市热岛效应受土地利用类型与各种人

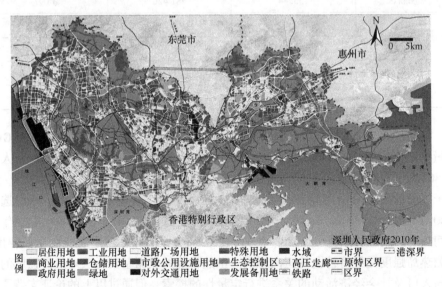

图 21-54　深圳市城市总体规划——建设用地布局规划图

Figure 21-54　The comprehensive plan of Shenzhen city——Construction land layout plan

为活动的影响较大，城市热岛的强度也随着人为活动与土地利用类型的不同而产生变化。

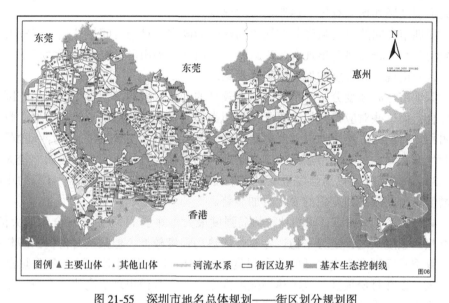

图 21-55　深圳市地名总体规划——街区划分规划图

Figure 21-55　The comprehensive plan of Shenzhen city——Block partition plan

# 21.6　小　结

　　本节以深圳市整体为研究对象，探讨了深圳市热岛强度从 2000~2010 年的年际变化以及空间变化规律，并选取 2010 年内的热岛强度变化特征分析深圳市一年之内的季节变化特征，最终结合深圳市人口与经济发展指标，探寻相关指标与深圳市热岛强度之间的关系。深圳市 2000~2010 年城市热岛效应时空分布特征主要有以下几点。

　　1）2000~2010 年近 11 年地表温度夜间平均值为 19.51℃；日间平均值为 26.16℃。地表温度昼夜变化趋势基本一致，日间温度在 26℃上下波动；夜间温度趋势较平稳，稳定在 19℃的基准线以上。深圳市地表温度的空间分布格局明显，高温区域主要集中于工业发达、人口稠密的宝安区、福田区、龙岗中心区等行政区域；温度较低的区域主要集中于人为与工业活动相对较少、植被覆盖率较高的深圳东南地区，包括龙岗区的大鹏半岛等地区。即使在温度较低的大鹏半岛的坪山、南澳等地区，日间地表温度也日渐形成了新的小规模高温区，并呈现出以高温区域为圆心向外扩张的趋势。

　　2）深圳市日间热岛强度较大的区域主要集中于宝安区的西北部、光明新区的西南部、龙华新区、南山区的东南部、福田区、罗湖区的西南部、坪山新区的东北部、龙岗区的西南与东北部。大鹏新区、盐田区以及罗湖的东北部 10 年间除个别区域外均未有较强热岛效应的出现。

深圳市夜间的热岛强度分布规律同样较为固定，且与日间热岛强度有较大的区域吻合性，较强热岛出现在龙华新区、南山区、福田区、宝安区等，只不过在不同区域出现不同程度的加强或削弱现象。

深圳市热岛强度分布图中热岛强度较高的红色区域与深圳市主要街区范围完全吻合，而这些对应街区的主要土地利用类型分别为居住用地、工业用地、政府社团用地、道路广场用地以及商业服务业设施用地等，这些地区人为活动剧烈，工业生产密集，可见城市热岛效应受土地利用类型与各种人为活动的影响较大。

3）深圳市日间热岛强度呈现出逐年缓慢增高的趋势，而相比于日间的小幅度增值，夜间热岛强度值的变化更加显著。

4）2010 年深圳市日间的秋季热岛强度最大，并于 11 月份出现全年最大值；春季热岛强度次之，走势平稳；冬季整体热岛强度较低，但某些月份仍出现较高值；夏季日间则表现出较低的热岛强度值。2010 年，深圳市夜间的冬季热岛强度最大，以 2 月份最强；夏季热岛强度次之，于 7 月份出现最高值；春季、秋季则均作为过渡季节，并未表现出强烈的城市热岛效应。

5）深圳市热岛强度受人为活动的影响明显。结合已得的空间分布特征，判定地表温度的变化与越来越剧烈的人为活动有着紧密联系。

深圳市目前仍然处在快速发展的过程中，各地可见施工建设项目。城市化带来的下垫面变化、污染加重以及人为活动的愈加剧烈可能导致空间范围内高温区域的扩张以及高、低温极值的增大。研究中暴露出夏季昼夜温差趋于减小、冬季却趋于增大的现象，在某种程度上表明极端气候出现的可能性增加。同时基于深圳市热岛强度的空间分布特征可以得出城市热岛效应受土地利用类型与各种人为活动影响较大的结论。

# 参 考 文 献

陈婉. 2013. 深圳市城市热岛效应及人工填海对其影响研究. 北京：北京大学硕士学位论文.

广东省统计局, 国家统计局广东调查总认. 2011. 广东统计年鉴. 北京：中国统计出版社.

张恩洁, 赵昕奕, 张晶晶. 2007. 近 50 年深圳气候变化研究. 北京大学学报（自然科学版）, 43（4）：535-541.

Niclos R, Galve J M, Valiente J A, et al. 2011. Accuracy assessment of land surface temperature retrievals from MSG2-SEVIRI data. Remote Sens Environ, 115：2126-2140.